B
哺乳類の卵
発生学の父、フォン・ベーアの生涯
石川裕二
工作舎

目次

はじめに

生命ほど奇跡的なものはない。

受精卵を暖めてから二〇日ほど経つと、そこから一羽の立派な雛（ひな）が殻を破って出てくる。昔から、「動物はどのようにして発生してくるのか」は、人々の大きな関心をひきつけてきた。古代ギリシアのアリストテレス（Aristoteles: B.C. 384–322）は、膨大な生物学的事実を調査し、『動物発生論』や『動物誌』などを著した。発生学とは、生物学の中でも、発生を扱う分野のことである。現代では、再生医療や生殖医療の基礎的な学問分野にもなっている。

現代の生殖医療では、人工授精などで人間の卵子を取り扱うことが日常的に行われている。しかし、ここに至るまでには発生学の長い歴史があった。そもそも哺乳類の卵というものが知られるようになったのは、わずか二〇〇年ほど前のことである。それを世界で初めて発見した人こそが、カール・エルンスト・フォン・ベーア（Karl Ernst von Baer: 1792–1876）である。近代発生学の始祖と言ってよい人物である。彼は一九世紀の大学者であり、『種の起源』の中でもダーウィン（C. Darwin: 1809–1882）が尊敬をこめて言及している。ところが、このベーアという医学・生物学者がどんな人で、どんな生涯を送ったかについては、日本語で読む機会がほとんどない（もりいずみ氏による短い紹介があるが）。実際、進化論のダーウィンや遺伝学の祖メンデル（G.J.Mendel: 1822–1884）の伝記は日本でも数多く出版されているが、ベーアの伝記はない。

筆者は、脳の発生を研究してきた老書生であるが、たまたまベーアの研究について調べる必要があった。その機会に、英訳された彼の『自伝』を通読した。もとのドイツ語の『自伝』は、彼の郷里エストニアの騎士修道会から要請されて、彼が七二歳の時（初版）に書いたものである（改訂版はその二年後に出版）。騎士修道会の目的は、彼の経験を将来のエストニアの教育に資することにあった。そのため、この『自伝』は教育に関する記述が詳細すぎて、脇道も多い。しかし、いくつかの箇所は非常に興味深いもので、そこでは彼自身の体験と冒険談が生き生きと表現されている。時には、詩的にすら思える箇所もある。

筆者は、現代医学に通じる道を切り開いたベーアは、社会にもっと知られてしかるべきだと考える。『自伝』を読むことにより、ぜひともその生涯を紹介したいと思うようになった。本書は、『自伝』および彼の主著に基づいてベーアという人物を一般的な読者に伝えるものである。そのため、ベーアの人となり、生き方と考え方、人々や社会との関わり、そして発生学上の功績を平易に記述した。ベーアの研究が現代とどうつながっているのかについては、最後の章に簡略にまとめて述べた。

本書では、読みやすくするために、記述の典拠をその都度引用することは省略し、引用文献は章ごとに簡単にまとめた。また、人名などの固有名詞の読み方も、特別の場合を除き、一般に流布していると思われるカタカナ記名法にしたがった。地名は当時使用されていたものを優先し、現代名は必要に応じて添えた。

筆者の専門外のことも記したので、本書の記述には間違いも含まれているかもしれない。読者のご海容をお願いする。また専門家の方々には、誤りのご指摘をお願いしたいと思う。

参考文献

もり いずみ著「カール・フォン・ベーア」(「Newton」一九九七年八月号pp.125-129)
J.M. Oppenheimer Ed, Autobiography of Dr. Karl Ernst von Baer, Watson Publishing Internations, Canton, 1986

壮年期のカール・エルンスト・フォン・ベーア
Karl Ernst von Baer: 1792–1876

1850年代のケーニヒスベルクの景観

ケーニヒスベルク大学

ベーアは1817年から1834年までの17年間、ケーニヒスベルク大学に奉職し、彼の発生学上の主要な仕事はここで行われた(写真は1930年代のもの)。

青年期のカール・エルンスト・フォン・ベーア

Karl Ernst von Baer: 1792−1876

『Voyages de la Commission scientifique du Nord, en Scandinavie, en Laponie, au Spitzberg et aux Feröe』(Paris, 1852)より

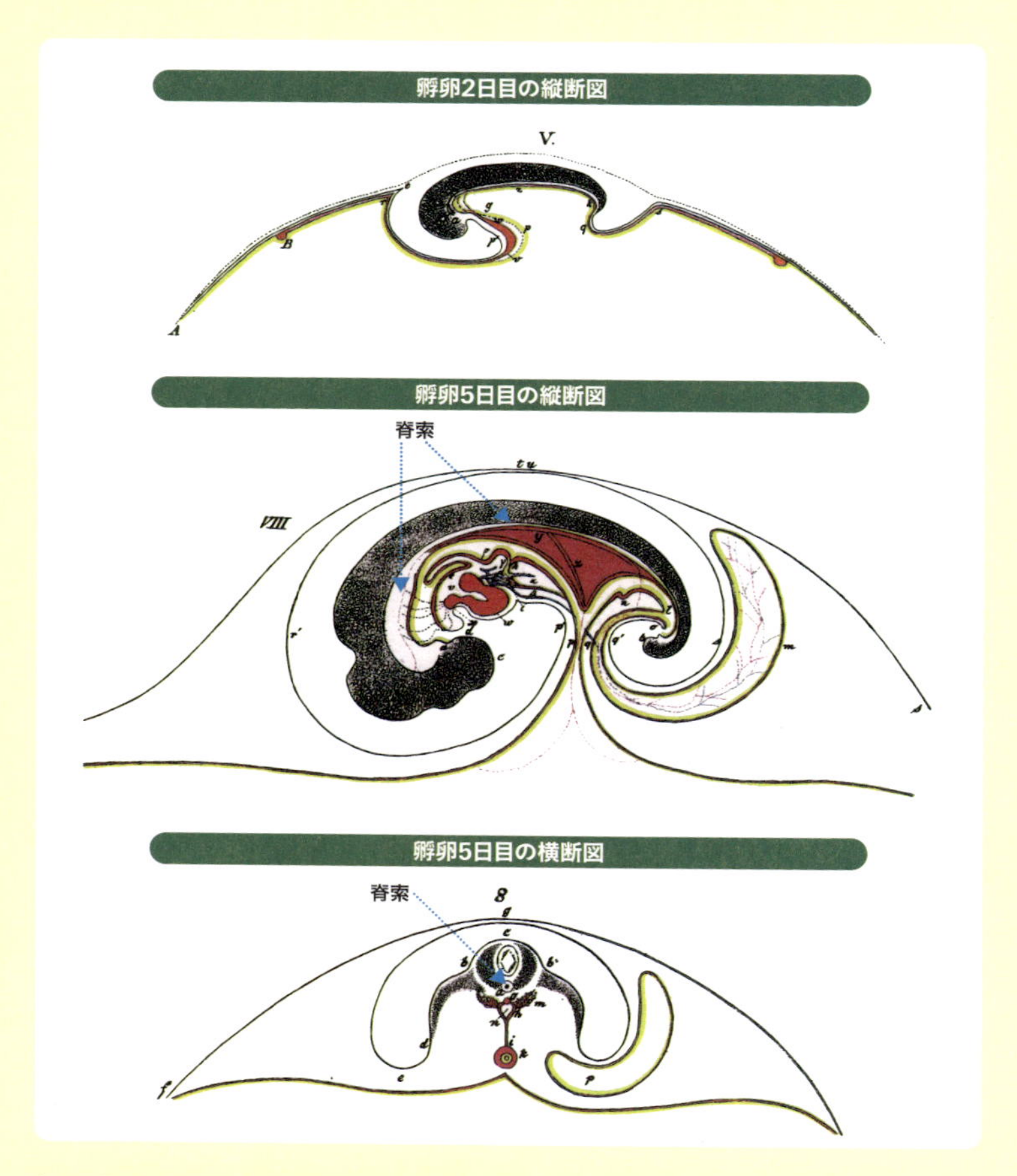

カラー図1　ニワトリ胚の発生（ベーアの原図）

ベーア自身が作成した色つき銅版画。ニワトリ胚の孵卵2日後（上段）と5日後（中段）の縦断図、および5日後の横断図（下段）を示す。図の上が背側。縦断図では胚体の頭が左方向、尾が右方向。黄色の膜状構造と腸管（消化管）が現代の内胚葉に相当する。黒色の構造が現代の外胚葉と中胚葉に相当する。オレンジ色と赤色の部分は、心臓と血管系を示す。横断図では、脳と脊髄に分化しつつある神経管（外胚葉）の下に脊索の断面（黒点つきの白い丸）が見える。国立国会図書館所蔵の『Über Entwickelungsgeschichte der Thiere: Beobachtung und Reflexion』(Bornträger, Königsberg, 1828, 1837)の巻末図（Taf. IとTaf. II）から部分的にコピー。「脊索」という文字と矢印のみ、筆者が原図に加えた。

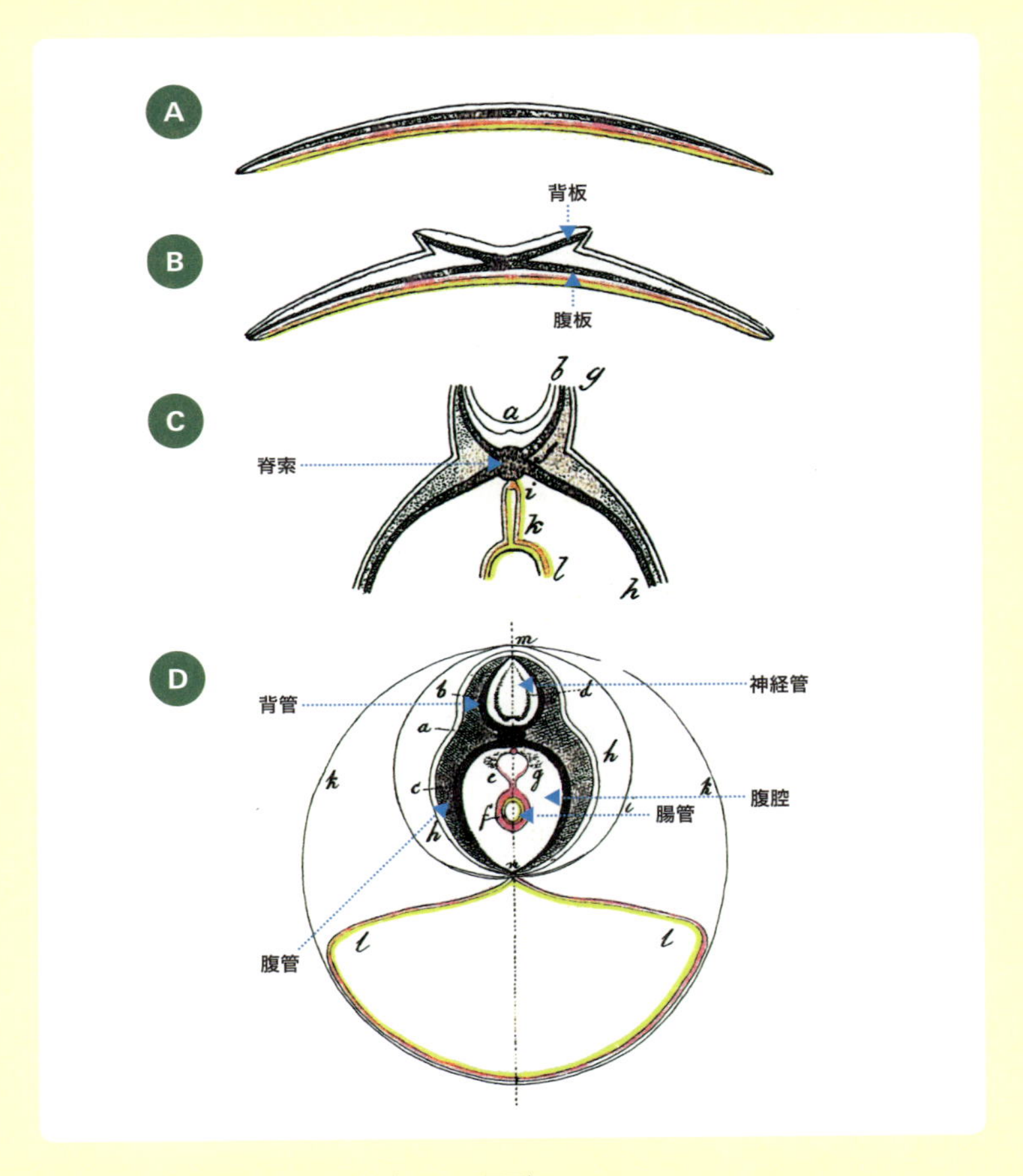

カラー図2　脊椎動物胚の発生様式（ベーアの原図）

胚の横断図で、上が背側。発生の初期（A）から後期（D）の順に上下方向に並べている。黒い部分は脊索、背板、そして腹板（いずれも現代の中胚葉に相当）を示す。黄色の部分（胚膜と腸管）が現代の内胚葉に相当する。赤色の部分は血管系（現代の中胚葉に相当）を示す。Aの単純な板は、上から下の順に、皮膚と中枢神経系の層、骨と筋肉の層、血管の層、そして腸管の層から構成されている。国立国会図書館所蔵の『Über Entwickelungsgeschichte der Thiere: Beobachtung und Reflexion』(Bornträger, Königsberg, 1828, 1837)の巻末図（Taf. IIIとTaf. IV）から部分的にコピーし、説明の文字と矢印を加えた。

クリスティアン・ハインリッヒ・パンダー
Christian Heinrich Pander: 1794–1865

イグナツ・デリンガー
Ignaz Döllinger: 1770–1841

カール・フリードリッヒ・ブルダッハ
Karl Friedrich Burdach: 1776–1847

第1章 デリンガー教授との出会い

一八一五年はユゴー(1802–1885)の小説『レ・ミゼラブル』の発端の年である。流刑地エルバ島からフランスに戻ったナポレオンは、この年の六月にワーテルローで完全に敗れ、ヨーロッパには一時的ではあれ、ともかくも平和の時代が来ていた。一九世紀の初頭、フランスは革命を経て王様の専制国家から国民国家に変身していた。しかしドイツは、三〇以上の諸領邦国が各地に存立し、統一国家にすらなっていなかった。

この年の秋のはじめであった。

南ドイツのバイエルン王国をひとりの背の高い青年が徒歩旅行をしていた。本書の主人公、当時二三歳のベーアである。

彼は野外と徒歩旅行がとにかく大好きだった。北のバルト海沿岸生まれの彼は、この地方特有の「黒い森」の景観を楽しみながら、ゆっくりとミュンヘン、レーゲンスブルク、ニュールンベルク、エアランゲン(彼の父の卒業した大学があった)、そしてムッゲンドルフを回り、美術館や考古学上有名な洞窟を訪れた。目的地はヴュルツブルクである(地図1)。

彼はこれまでのオーストリア帝国での生活を回想した。

この夏彼は、いつの時代にも、そしてどの国でも、すべての若者を悩ます問いに深くとらわれていた。つまり、「自分は将来なにものになるのか？　そして一体、これから何をするのか？」という自問である。

職業としては、すでに彼は医師にはなっていた。彼は、郷里エストニアのドルパト大学で医学を学び、医師の資格を得ていたのだ。

しかし、そのまますぐに開業するには、余りにも自信がなかった。当時、バルト海沿岸地方の学生がドイツ語圏の国（現在のオーストリア、ドイツなど）に留学することは珍しいことではなかった。そこで彼も、去年からオーストリア帝国のウィーンに来て、さらなる医学の研鑽を積んでいた。ドイツ語圏の高等教育制度では、アビトウーア試験（ギムナジウム卒業試験）に合格すれば、どこの大学にも自由に入学することができる。良い教授をもとめて、大学生がさまざまな大学を遍歴するのも普通のことである。

しかし、ウィーンで外科、産婦人科、そして眼科などの著名な医師の実地の診療に接してみても、もうひとつピンと来なかった。期待をもって、有名な内科医ヒルデンブラントに師事してみた。しかし彼の治療法は、患者自身の自然的治癒力を極力助長するもので、簡単な薬を与えて「待って、そして結果をみる」という方式であった。ベーアには、実地医学が余りにも「経験による名人芸」すぎるように思えてならなかった。無理もない。パスツールやコッホによる病原菌の発見は、この時代から約五〇年も後の話である。

彼を燃え立たせるものは、別のかたちで現れた。それはオーストリア・アルプスの素晴らしい景観と植物だった。この年の春に、親友のパロットが彼をウィーン近くの山に連れて行ってくれたのだ。

高山は昔も今も神聖で美しい。洋の東西を問わず、古代の人びとは、神々を山頂に住まわせたものだ。ベーアは少年の頃から植物学あるいはナチュラルヒストリー（自然誌）が大好きだったが、医学留学にあたりその趣味を封印していた。ところが、アルプスの美しい高山植物に接して、それが一気に破れてしまった。アルプスの地質学的景観も圧倒的であった。高山植物とアルプスの地形に魅せられた彼は、何回も山に行くようになった。もともと頑健な青年だったので、すぐに一人前のハイカーになった。熱心な彼は、山で野宿するようにもなった。

　悩んだのは、「このままウィーンで臨床医学を学んでゆくか、それともドイツに行って自然誌を研究するか」である。つまり、いまひとつ自信がもてないけれど安定な職業に専念するか、それとも生来の好みに合ってはいるが、今後の

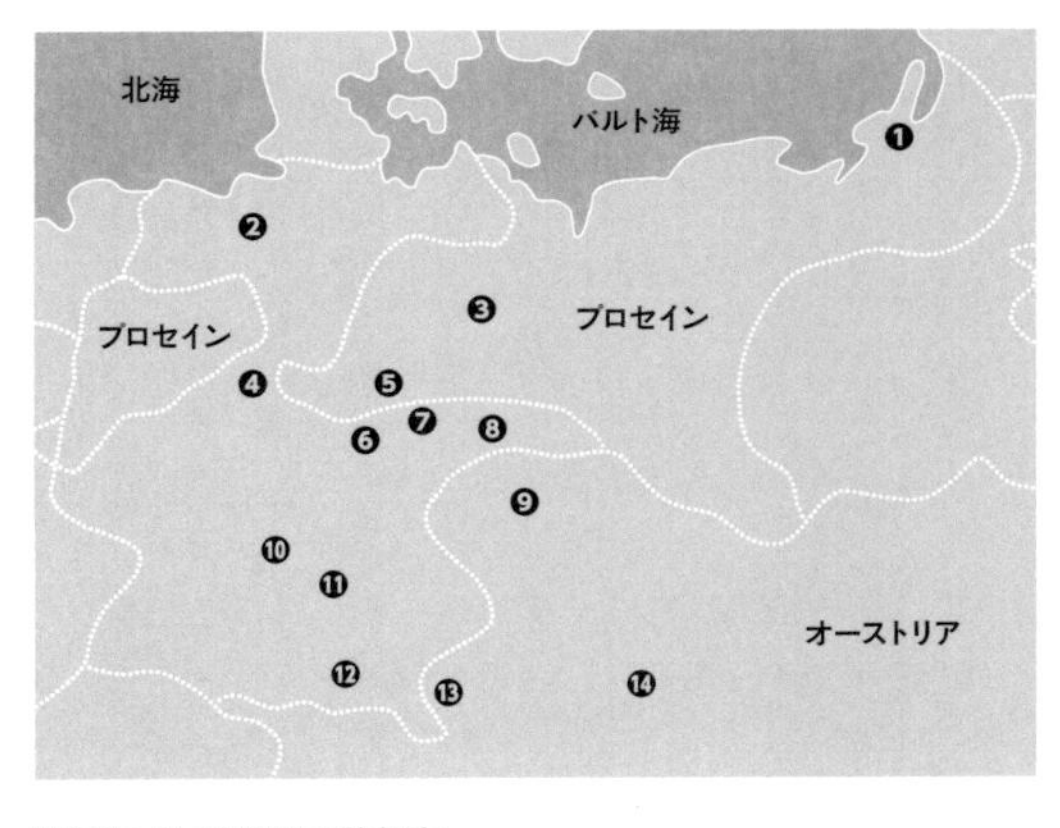

❶ケーニヒスベルク❷ブレーメン❸ベルリン❹ゲッティンゲン❺ハレ❻イェーナ❼ライプチヒ❽ドレスデン❾プラハ❿ヴュルツブルク⓫エアランゲン⓬ミュンヘン⓭ザルツブルク⓮ウィーン

地図1▶ドイツ語圏の諸都市

19世紀中頃のドイツ語圏の諸国を示す。プロイセン王国とオーストリア帝国以外のドイツ諸国には、バイエルン王国、ウェルテンベルク王国、バーデン大公国、サクソニア王国、ハノーヴァー王国など、多数ある。しかし、あまりに細かくなるので、この地図では区分けしていない。モンゴメリー・マーティン編『ジョン・タリスの世界地図: 19世紀の世界』（井上健監訳 同朋舎出版 1992）の「ヨーロッパの地図」をもとに作図。

職があるかどうかすらあやしい自然誌を学ぶか、である。

今日の生物学(植物学や動物学)は、当時学問としては独立してはおらず、自然誌の中のひとつの領域であった。これらは、かろうじて医学の中には含まれていた。いうまでもなく、薬学的関心のためである。また当時、科学者という職業も、先進国のフランスやイギリスを除いては、ほとんど確立されていなかった。

彼はアルプスに一人で登り、この天に最も近い神聖な場所で、自分の将来を静かに考えてみた。

彼は、ウィーンを離れることを決めた。ともかく、臨床医学から一時離れることにしたのだ。

「この秋は、系統的な動物学(比較解剖学)または地学の良い研究室をドイツで探し出して学ぶことにしよう。もし、それがうまく行かなかったら、冬にベルリンかどこかの病院を探して、また臨床を学び直そう。いずれにしても、この夏をウィーンの病棟に閉じこもって過ごすのは、聖霊に対して罪を犯すことだ。」と彼は書いている。彼の『自伝』には、宗教のことはほとんど出てこない。「聖霊(Holy Spirit)」というキリスト教の「生の言葉」が出てくるのは、この箇所だけである。よほど真剣に悩んだのだ。

さまざまな動物の体の構造を比較する研究は、比較解剖学と呼ばれ、進化論の発表よりずっと以前からヨーロッパで研究されてきた。人間も含めて、動物一般の体を体系的に理解するためである。一八一五年当時、フランスの偉大なキュヴィエ(Georges Cuvier: 1769–1832)がこの分野の世界的大家であった。当時のドイツでも、比較解剖学は盛んに研究されていた。

目的とするドイツの研究室を具体的に決めないまま、彼はウィーンを離れ、西方のドイツに向かった。途中ザルツブルクに一時滞在し、オーストリア・アルプスのさらに高い山々に登り、高山植物を採集した。この登山旅行中に、著名な高山植物学者のホッペ博士と連れの一人の若い植物学者とたまたま出会うことができた。

植物の話をした後、ふたりに向かって彼は思わず衝動的に質問してしまった。この旅行中、常に気にかけていたせいだろう。

「ドイツで比較解剖学を研究したいのですが、どこの研究室が良いですか?」

若い方のマルチウス博士がすぐに答えた。

「ヴュルツブルク大学のデリンガー教授のところに行ったらいい」。

山の道端での、この五分にも満たないやりとりが、ベーアの将来を決定したのであった。

このようなわけで、いま彼はヴュルツブルクに向けて徒歩旅行を続けているところだ。彼の荷物の中には、マルチウス博士からミュンヘンで預かった大事な苔（こけ）の包みがあった。この苔をデリンガー教授に無事届けねばならない。デリンガー教授は医学部で解剖学を教えながらも、植物学にも造詣が深く、特に苔を研究していたのである。

秋学期の開始前にヴュルツブルクに着くと、早速大学を訪ねた。

デリンガー教授に苔の包みを手渡してから彼は言った。

「比較解剖学を研究したいと思って、ここにやってきました」。

教授はものごとに動じない悠然たる人物で、物言いもゆったりしていた。早速包みを開けて苔を調べながら、教授はこともなげに答えた。

「秋からの学期には、私の比較解剖学は開講していないよ」。

ベーアは雷に打たれたようになった。比較解剖学は春学期しか開講していないとは！　そんなことは、心にかすめもしなかった！

教授は、苔から顔を上げてベーアを見つめた。

日に焼けた真面目で健康そうな青年が固まっている。

「比較解剖学の研究をやるなら、講義を受ける必要はないと思う。ここで私と一緒に、動物を次々と実地に解剖してみたら良いのだ」

親切にも教授は、今後どうするか一日考える時間を与えてくれて、この日は別れた。

翌日、ベーアはヒル（蛭）を手にして教授の前に現れた。

はじめてのヴュルツブルクの街をめぐって、ようやく入手することができた唯一の動物が、ヒルだった。瀉血療法に使うために、薬局で売っていたのだ。

ヒルを油の中で窒息死させた後、蝋をひいた皿に水をはり、その中にヒルを固定して解剖を始める。彼はドルパト大学で人体を解剖したことがあったし、他の哺乳動物の解剖をした経験もあった。しかし、小さな無脊椎動物を解剖するのは、これがはじめてであった。

不器用な解剖で、おそろしく時間がかかった。しかし教授はいらだつこともなく、彼の解剖を一緒に見てくれて、筋肉層と消化管が特に近接していることなどを指摘してくれるのだった。

教授は一時間ほど居なくなったが、また現れた時には本を手にしていた。シュピックスという人が書いた、ヒルに関する単行本であった。彼はこの本を教授から借り、その晩はこの本を勉強した。

その次の日も、ヒルの解剖を行った。今度はもっとスムースに解剖が進んだ。あの本のおかげで、ヒルの身体の構造もよく理解できた。

このようにしてさまざまな動物を解剖した。無脊椎動物もあれば、脊椎動物の場合もあった。教授は一、二時間ぐらいごとに現れては、重要な事項を指摘し助言したりした。貝の解剖の時には、まず教授自ら貝殻の外し方を実演してくれた。また解剖の前後に、その動物に関する単行本を必ずしめして、先人の最新知識を参照させてくれた。ベーアの動物に関する系統的理解は着実に深まっていった。


二週間後、彼はヴュルツブルクに来たことが自分に良かったかどうかを改めて自問してみた。ウィーンの医学修業では、まったく自信を失った。しかしこのヴュルツブルクの比較解剖学で、彼はもう一度自信を取り戻すことができた。何しろ、この自分自身の手で解剖し、この目を使って、すべてを確認したのだ。これより確実なものは、ほかにはない。彼は、自分自身に合った、正しい道を自分が進んでいることを確信する。

動物を実際に解剖するという作業は、思いもよらない構造を次々と目にするという点で、実は驚きの連続なのだ。ベーアは、動物を解剖することを好むようになり、自分自身の目で直接観察することを終生大切にした。

このヴュルツブルクのデリンガー研究室でのわずか一年間が、その後のベーアの研究の土台を形成したと言っても過言ではない。その意味でデリンガー教授は彼の最大の恩師にあたる。デリンガーその人については、後でふたたび話すことにしよう（7章）。

参考文献

潮木守一『ドイツの大学』（講談社学術文庫 講談社 1992）
チャールズ・シンガー『生物学の歴史』（西村顕治訳 時空出版 1999）

第2章　ロシア生まれのドイツ人

ここで、彼の生まれについて見てみよう。

カール・エルンスト・フォン・ベーア（Karl Ernst von Baer）は一七九二年二月二八日（グレゴリオ暦）に当時のロシア帝国のエストリャント県（現在のエストニア）のピエプの荘園に生まれた（地図2）。父マグヌスと母ユーリエはいとこ同士で、一〇人の子供たちに恵まれた。そのうち三人は幼くして亡くなったが、他はベーアを含めて健康に育った。父は、荘園主であるとともに、ドイツの大学で教育を受けた法律家でもあった。

ベーア家は代々続くバルト・ドイツ人の騎士階級であり、「フォン」という名前が貴族であることを示している。バルト・ドイツ貴族は、貴族とは言っても、多くは質実な地主・農場主である。イタリアやフランスの富裕な都市貴族や宮廷貴族とは違い、むしろ日本の武士階級（士族）に似ている。

なぜ一八世紀末のロシア帝国にドイツ貴族がいるのか、読者はいぶかしく思うかもしれない。

ヨーロッパの歴史にはキリスト教が深く関係しているが、実はこれもそのひとつである。ベーアの時代を知るためには、キリスト教とヨーロッパの歴史について少し話さなければならない。

紀元の頃のヨーロッパ世界の中心は、ローマ帝国であった。この帝国は、中東、小アジア、およびアフリカ北岸など、地中海をとりまく広大な領域に広がっていた。そのうちの中東地域では、ユダヤ人たちがユダヤ教を信仰していた。ユダヤ教は、多神教や自然崇拝などの多くの宗教の中にあって、「風変わり」なものであった。ユダヤ教にあっては、神は唯一絶対であり、全自然は勿論のこと、人類もすべて神によって創造されたものである。キリスト教は、このユダヤ教の中のひとつの小集団からはじまった。

キリスト教は、人類ひとりひとりの救いのために唯一神から救世主（キリスト）が遣わされたこと、その救世主イエスが苦しみを受けて十字架刑で殺され、しかし三日目に死から復活したことを教えた。この「人類ひとりひとり」には、奴隷、自由人、女、男、貧者、富者、病人、健常人、子供、大人、老人、ユダヤ人、ギリシア人、ローマ人、そして蛮族などの区別なく、あらゆる人たちが含まれている。キリスト教は、救世主の到来と「イエスの死と復活によって、死は滅ぼされたこと」を人々に告げた。そして、心貧しく生きていた古代の人たちに、「キリストを着ることによって新たに生きる道」を示した。この「喜ばしい知らせ（福音）」、そして神および隣人を愛する生活規範は、すぐにローマ帝国の人々に広がった。

キリスト教は、ユダヤ教というユダヤ人の民族宗教から、このようにして分離独立していった。多神教を奉じていたローマ帝国は数百年にわたってキリスト教徒を迫害し、多くの殉教者が出たが、この迫害が人類の宗教としてのキリスト教をむしろ鍛えた。

四世紀になって、キリスト教はローマ帝国の国教となり、迫害は止んだ。イエスの「全世界に福音をのべ伝えよ」という命令にしたがって、キリスト教はローマ帝国の周辺にも広く伝えられた。

当時のヨーロッパの辺境には、多神教の「蛮族」である、ゲルマン民族やスラブ民族などが住んでいた。キリスト教は大きく分けて二つのヨーロッパ地域に伝道され、これが後の二大教派の分離につながる。西ヨーロッパに伝道されたキリスト教は、その後独自の変化を遂げながらローマ司教区を中心としたローマ・カトリック教派になった。東ローマ帝国（ギリシア・ビザンチン帝国）からロシアなどの北の辺境に伝道されたキリスト教は、当時の教義を比較的保ちながらオーソドックスあるいは正教と呼ばれる教派となった。なお、キリスト教は東方のユーラシア大陸にも伝えられ、中国（景教とよばれた）やインドにも達した。

しかし国教化は、人類の宗教としてのキリス

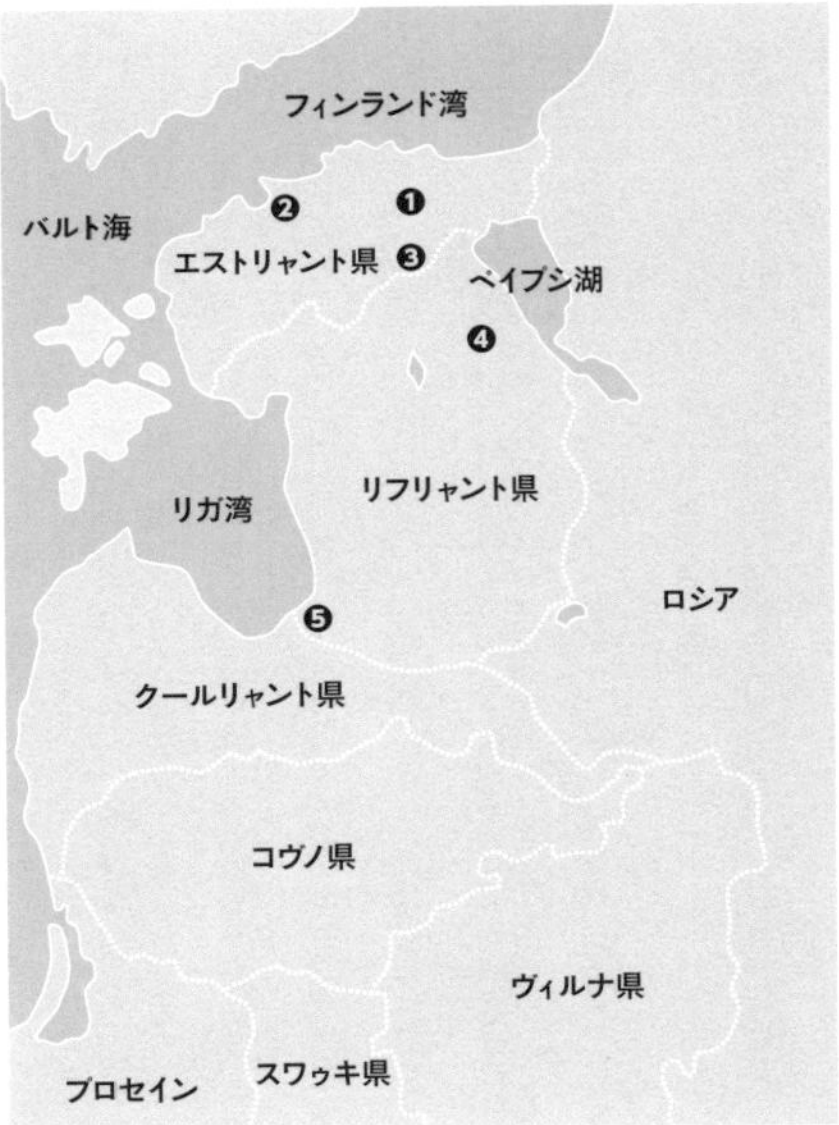

地図2▶19世紀中頃のバルト三国

現在のバルト三国はバルト海東南岸に位置し、エストニア共和国、ラトヴィア共和国、そしてリトアニア共和国と北から南の順に並んでいる。当時のロシア帝国のエストリャント県およびリフリャント県北半分が現在のエストニア共和国になった。志摩園子『物語バルト三国の歴史』（中公新書 中央公論社 2004）の第5章の地図をもとにして作図。

❶ラシラ❷レヴァル❸ピエプ❹ドルパト❺リガ

ト教にとって、良いことばかりではなかった。キリスト教の指導者自身が、富裕で現世的な権力者になってしまったからである。俗人よりも貪欲な聖職者が、あるいは逆説的なことだが、真面目で学識ある聖職者が、キリスト教を宗教的には堕落・変質させていった。しかし、良くも悪しくも、キリスト教こそが、その後のヨーロッパの思想と歴史を決定したことは確かなことである。

ご存知のように、ヨーロッパの歴史は、戦争に次ぐ戦争に満ちている。この歴史には、「隣人愛」のかけらもないと思う。ヨーロッパの歴史を動かしたものは、非キリスト教圏のそれと同様に、人類の限りない「強欲」のように思える。以下に述べるように、むしろ人類は「宗教すらも口実にして、貪欲と残虐の歴史を歩んできた」と言ってよいだろう。

中世になると、ヨーロッパの「もと蛮族たち」は経済的・文化的な力をつけた。ローマ・カトリックの諸国は、一一世紀の終わりあたりから一五世紀にかけて異教、異教派、あるいは異端を武力で攻撃するようになる。これがローマ教皇による免償（罪の償いの免除）と呼びかけのもとに行われた十字軍である。現代的評価から言うと、十字軍では人類の貪欲さと残虐性が発揮されることが実際には多かった。

さすがに一四世紀以降になると、ローマ・カトリック内部の聖職者から、堕落・変質した教義について批判の声があがり始めた。最も有名なのは、一五一七年の「免償符（贖宥状）」販売についての、ドイツの一修道士による抗議である。このルターによる「宗教改革」によって、プロテスタントがローマ・カトリックから分離独立した。ルター派を認めた一五五五年のアウスブルクの和議では、「領主の宗旨＝領民の宗旨」とされた。

この分離独立は、西ヨーロッパ全体の世俗権力を巻き込んだ宗教戦争に発展した。カトリックとプロテスタントは、その後一七世紀に至るまで血で血を洗うような凄惨な武力闘争を続けた。三十年戦争では、戦場になったドイツの人口は三〇％以上失われたという。

流血と悲惨をきわめたあげく、一六四八年に締結されたヴェストファーレン条約でようやく宗教戦争は終結した。その結果、北欧、スイス、そしてバルト海沿岸の北ドイツ地方などはプロテスタント、フランス、オーストリア、そして南ドイツ地方などはカトリックとして、西ヨーロッパ内で共存するようになった。

ローマ・カトリック内部でも、イエズス会などの努力によって「カトリック改革」が進められた。こうしてヨーロッパの歴史は、一七世紀の後半から理性を尊重する「啓蒙主義」の時代に入ってゆく。

ここで話を一二世紀のバルト海沿岸地方に戻そう。十字軍の対象は、実のところ、はるか東方のパレスチナばかりではなかった。北の十字軍という、ヨーロッパ大陸の北の辺境の地に向けられたものもあった。当時、バルト海沿いの辺境にはインド・ヨーロッパ語族とフィン・ウラル語族に属する多神教の先住民が住んでいた。一二世紀から、ドイツ諸侯による北方十字軍がローマ教皇とキリスト教の名のもとに彼らを襲撃しはじめた。一三世紀にその中心となったのは、騎士であると同時に修道士でもある、ドイツの修道騎士たちであった。これらのカトリックの修道騎士たちは、先住民を殺戮し、郷里から親族を呼び寄せながらその土地に地主貴族として入植した。生き残った先住民は、彼らの農奴にされた。後になって南米大陸、北米大陸、そしてオーストラリア大陸で行われることは、すでに中世の北東ヨーロッパで行われていたのだ。

このようにして一二、一三世紀以降、バルト海沿岸地方にはドイツ人の大きな入植地・国々ができていった。エストニアなどの現在のバルト三国、ポーランド北部、そして今は消滅したプロイセンなどがそうである。ベーア家の先祖は、ドイツ騎士団（ドイツ人の聖母マリア騎士修道会）のひとりとして、北ドイツのブレーメンからエストニアにやって来たのである。

バルト海沿岸地方はデンマーク、スウェーデン、ポーランド、あるいはロシアというヨーロッパの強国のはざまにあったので、属する国家が変わることがたびたびあった。この地方は一六世紀にはスウェーデン王国に支配されていたが、北方戦争の結果、一七二一年にはロシア帝国の統治下に入った。

先に述べたように、バルト・ドイツ人はルター派のプロテスタントになっていた。プロテスタントはローマ・カトリックの階級的司祭制度を否定したので、自分で聖書を読み、自分なりに教えを理解して信仰しなければならない。そのため、プロテスタントは一般に教育熱心である。バルト・ドイツ人は当時のロシア帝国の中でも識字率が飛び抜けて高かった。一九世紀末の統計だが、ロシア帝国全体では二七％の識字率に対して、エストリャント県では九五％にのぼったという。

一方ロシア人は、キリスト教の中でも東ローマ（ビザンチンあるいはギリシア）帝国由来のオーソドックスを信仰する。ピョートル大帝（在位：1982–1725）以来のロシア皇帝は、ロシアに西ヨーロッパ文化を取り入れることに熱心で、教育程度の高いバルト・ドイツ人を軍人、官僚、そして専門家として重用した。そのため歴代の皇帝たちは、バルト・ドイツ貴族がその地の支配階級であることを許し、プロテスタントとしての信仰にも干渉しなかった。したがってバルト・ドイツ人は、ロシアの中にありながらも、伝統的あり方を許され、優遇されていたと言ってよいだろう。

ベーアの生まれたのは、一八世紀末の一七九二年である。日本の江戸時代の寛政四年に相当する。その年には、奇しくもロシアからアダム・ラクスマンが漂流民の大黒屋光太夫を伴い北海道に来航している。当時のロシア帝国の君主は、エカチェリーナ二世(在位：1762−1796)というドイツ出身の女帝であった。著名な啓蒙君主のひとりである。彼女もバルト・ドイツ人に対して優遇政策をとった。

ベーアの生まれる三年前からフランスでは大革命が始まっており、生まれた年の一七九二年にはフランス革命戦争(革命政府と対仏同盟との間の戦争)が開始されていた。イギリスでは一七六〇年代から産業革命が起こり、アメリカ合衆国も一七七六年にはイギリスから独立していた。この時代、ドイツ諸国は後進地帯であり、さらにもっと後進国のロシアは、発展途上にあった。このように、ベーアの生まれた頃は、西ヨーロッパ世界がフランスとイギリスを先頭にして近代社会に移行する時代であった。

結局ベーアは、国籍からはロシア人、血縁と言語からはドイツ人、信仰からはプロテスタント、そして身分としては生まれながらの騎士貴族ということになる。

参考文献

志摩園子『物語バルト三国の歴史』（中公新書 中央公論社 2004）
高橋保行『ギリシア正教』（講談社学術文庫 講談社 1980）
渡部昇一『ドイツ参謀本部』（中公新書 中央公論社 1974）
山内進著『北の十字軍』（講談社学術文庫 講談社 2011）
セバスチャン・ハフナー『図説プロイセンの歴史』（魚住昌良監訳・川口由起子訳 東洋書林 2000）
佐藤彰一『剣と清貧のヨーロッパ』（中公新書 中央公論社 2017）
マシュー・ホワイト著、『殺戮の世界史』（住友進訳 早川書房 2013）
ギボン『ローマ帝国衰亡史』（村山勇三訳 岩波文庫 岩波書店 1951–59）

第3章 子供時代

このような暴虐と戦争に満ちた歴史にもかかわらず、ヨーロッパの人間は絶滅しなかった。それどころか、一六世紀以降、その人口は増大の一途をたどった。「あたりまえ」過ぎて歴史には記録されなかったけれども、無数の個々の家族が生き抜いて、子供たちを産み育ててきたためである。

少なくとも家族の中には「愛」があり、兄弟や親戚は助け合って生きてきたことだろう。それは今も昔も、日本もエストニアも、変わることはない。

ベーアの家もそうだった。

ベーアの父マグヌスには、兄のカールがいた。二人の兄弟はエストニアで教育を受けた後、南ドイツのエアランゲン大学とバイロイトの宮廷に留学した。マグヌスは法律を研究し、カールはバルト・ドイツ貴族の習慣にしたがって軍人になることを試みた。しかしその後、二人は結局エストニアに戻り、それぞれ荘園主になった。兄カールはドイツ貴族の娘と結婚してヴィルラントにあるラシラの荘園で暮らしていたが、子供に恵まれなかった。一方、ピエプの荘園では、弟のマグヌスに多くの子供が生まれていた。そこで二人は相談して、マグヌスの子供の数人をカールの養子にすることにした。

ベーアは、一七九二年にマグヌスのピエプの荘園に生まれた。乳離れするとすぐに、この約束にしたがって、父の兄のカールとカンネ夫婦に引き取られ、ラシラの荘園で育った（地図2参照）。

ベーアは七歳になるまで伯父夫婦を実の両親だと思って育った。伯父も伯母も彼を愛して可愛がった。特に伯母は子供が大好きだったので、幼いベーアが元気いっぱい盛んにおしゃべりするのが嬉しくてならなかった。

伯父のカールは少し風変わりな人物だった。彼はドイツで軍人にはならなかったが、ドイツへの愛と「軍人気質」を生涯もち続けていた。非常に手先が器用で、手仕事が大好きだったので、木や金属などを使って軍隊のミニチュア（細密模型）を作成した。小さな軍隊のキャンプ、おもちゃの大砲や太鼓。これには幼いベーアも大喜びだった。細密模型だけではなく、ガラス工芸、靴の作成、服の縫合、そして美しい水彩画。カール伯父は何でもこなしてしまうのであった。

カール伯父は、園芸もまた大好きだった。幼いベーアは喜んで彼の弟子となって庭園造りを手伝った。この庭園もまた風変わりなもので、ライラックの茂みを刈り込んで迷宮状にし、スモモなどの果樹の生け垣をヘビのように曲がりくねらせて植えていた。その迷路のあちこちには、色鮮やかなミツバチの巣箱が置いてあるのだった。

荘園の外も自然がいっぱいだった。とくに美しい花々や自然界の奇妙なものは、少年に強い印象を与えた。野外の石灰岩から巻貝の化石を見つけて、喜んで家にもち帰ったこともある。少年ベーアは、このような環境の中で元気いっぱいに、はしゃぎまわって育った。キバナノクリンザクラ（黄色の花のサクラソウの一種）やアツモリソウ（ラン科の多年草）の群落が咲く、ラシラの自然は、彼にとって生涯忘れられないものとなった。

忘れられないと言えば、こんなことがあった。

あるとき、伯父夫婦は近隣の荘園に住む新婚夫婦を訪問したことがあった。近隣とは言っても、各貴族の荘園は広大なので、馬車で出かけたものである。わんぱく少年も一緒に連れて行かれたが、建物の中に入ることは許されず、外で待つように言われた。

伯父夫婦が家に入ってしまうと、「馬車で待っているのはごめんだ」と、すぐに少年はこの目新しい土地をひとりで偵察しはじめた。荘園の中庭から、また別の中庭へ。よく晴れた日だった。

そのうちに、突然クジャクを見つけた！　クジャクは囲いの中で羽根を大きく広げていた。その金属光沢の羽根と見事な目玉模様の壮麗さ！　少年は呆然としてしまった。その豪華な美に魅惑されて、どのくらい長く恍惚となっていたか、分からない。

気づくと、カンネ伯母が腕をつかんでいた。

「何ていうことでしょう！　一体どこに行っていたの？　あなたを探し回って、何回も呼んだけれど、答えがちっともない。池でおぼれているかもしれないと思って、池まで行ったのよ！」

カール伯父は、少年の健康と肉体の鍛錬には気を使ったが、勉学の機会は与えなかった。伯父は、少年が将来は軍人になる、とばかり思いこんでいたのである。当時のバルト・ドイツ貴族の間では、子弟を若い頃から軍隊に入れ、そこで訓練と学習を受けさせるのが良いとされていた。

そんな訳で、七歳になっても、ベーア少年は文字というものを知らなかった。ドイツ語をしゃべる事にはむしろ堪能で、伯父に「そんなにおしゃべりしていると、しまいには唇がすり減ってしまうぞ」と言われるくらいであった。ただ、読むことと、書くことができなかったのだ。


少年のラシラでの生活は、あるとき突然のように終わりをつげた。

ある日、三人の幼い子供たちがラシラの荘園にもらわれて来た。この子供たちは、カールとマグヌス兄弟の姉の子であった。その姉は未亡人であるうえ、最近の火事で全財産を失ってしまっていた。兄弟が相談した結果、マグヌス夫妻はベーア少年をもらい戻し、カール伯父夫妻は、新たにこれらの三人の子供たちの養い親になることになったのである。

この時はじめて、少年に真実が告げられた。

「おまえの実の両親は別にいて、それは、これまでもたびたびラシラを訪問していたマグヌス夫婦である」と。

一七九九年の夏、七歳を過ぎたわんぱく少年は、伯父夫婦に送られてピエプの荘園に戻った。カンネ伯母は涙ながらに別れを告げた。

しかし少年は、むしろ喜ばしい感情をもって新しい環境に入って行った。

ここには多くの仲間がいた。ベーアより四歳半年長の姉がひとり、三歳上の兄がひとり、やや年少の弟ひとり、五歳下の妹ひとり、そして少し年長の従姉ひとり。何しろラシラ荘園では、一匹の犬だけが少年の「仲間」だったのだ。

当時のヨーロッパの上流階級では、少なくとも初等教育は家庭で行われるのが普通だった。すでに姉と兄は、住み込みの女性家庭教師によって、二年間の定期的な学習を受けていた。

「読み書き」ができないことを自分でも少々恥じていた少年は、ドイツ語の読本と絵本をもらうと、熱心にドイツ語の読み書きを勉強しはじめた。彼は記憶力に恵まれていたので、自分でも驚いたことに、すぐに読むことができるようになった。書くことには、少し時間がかかったものの、これも難なくできるようになった。算数もすぐに理解した。

ベーア少年は、女性家庭教師による姉と兄の学習教室に加わるようになった。彼女は子供たちにフランス語の初歩も教えた。フランス語は、当時の「先進文明国の言葉」として必須のものであった。フランス語のことを、ゲーテ（1749–1832）は「世界語」とよんでいたほどである。

八歳の時、女性家庭教師の代わりに、シュタイングルーバーという中年の男性が家庭教師となった。この人は牧師になるためにエストニアへ来たのだが、熟達した数学者でもあった。彼の三年半の上手な教育のおかげで、ベーア少年は代数や幾何学をよく理解するようになった。この先生は数学の実用的応用にも熱心で、子供たちに三角法を用いた測量法も教えてくれた。この人が自然科学におけるベーアの最初の恩師にあたると言ってよいだろう。

ベーアは一五歳まで、このようにして、ドイツ語、フランス語、ラテン語、英語、イタリア語、数学、歴史、地理、音楽、そしてギリシア語の初歩などを家庭で勉強した。ロシア語は、父の荘園で働いていたロシア人の少年から実地に教わった。

少年がこれほど多種類の言語を学習しなければならないことには、驚かざるをえない。しかし、トルストイなどの小説を読むと、ロシア貴族は日常でもフランス語で会話している。多言語学習は、ヨーロッパの上流階級では、ごく普通のことだった。これらの言語の中でも、基本的にはベーアはドイツ語で考えたと思われる。「ドイツ語の作文によって、思考を明確に表現する訓練を受けた」と記しているからである。

ベーアの父マグヌスは堅実で実務に精励する人だった。彼は、開明的な荘園主で、教育や読書を重視する人でもあった。朝四時には起床し、自分でコーヒーを淹れ、皆がまだ寝ている間に仕事や勉強にとりかかるのだった。自分の荘園の農業経営に関して熱心であるのみならず、法律家としての知識を生かして、エストニアの人たちの法律相談役を無償で広く引き受けていた。子供たちを愛して、一緒に遊ぶのも大好きだった。元気で筋力が強く、小さな子供を自分の手のひらの上に立たせて、母親や訪問者をびっくりさせたものである。

母ユーリエは、平穏な、家庭を愛する、分別のある性格であった。やさしい控えめな女性だった。

父マグヌスには、兄のカールと同じく園芸趣味があった。農園の一部には父の庭園があって、そこで彼は見事な花や果実をみのらせるのだった。彼は、子供たちにも一八〇〇平方メートルもの広い農地を専用に分けてくれて、子供たち自身に庭園を作らせた。子供たちは父の庭園を見本にして、嬉々として熱心に働いた。そして庭園の中に、旧約聖書の本の絵をまねて「バベルの塔」などをこしらえて遊んだ。「バベルの塔」の説話には、なぜ数多くの異なる言語があるのか、その原因の説明がある。多言語に苦労していたベーア少年にとっては、印象深い聖書の一節であったろう。

このような環境の中で、彼が園芸熱に染まり、植物に興味をもつようになったのは、ごく自然なことであった。

一八〇四年、一二歳のある日のこと、世の中には「植物図鑑」というものが存在することを少年は初めて知った。コッホという人が書いた、『植物学ハンドブック』という本であった。

そこにはあらゆる植物の名前が分類整理されて載せてあった。彼は感動してしまった。そして、自分自身で図鑑を利用しながら植物を調べてみたい、と強く思った。

幸いにも、この本を遠くに住むミックヴィッツという教師から数ヶ月借りることができた。ベーア少年があまりに熱心なので、後で父がこの図書を購入してくれた。

それからというものは、兄のルードヴィヒ(彼も植物愛好家だった)と一緒に近在を歩きまわり、植物を調べはじめた。この本をたよりにして、自分で腊葉標本(押し葉標本)も作るようになった。このようにして、家庭教師とは独立に、自分自身で調べて学習することがはじまったのである。つまりは、これがベーアの「研究生活」のはじまりであった。早速彼は、家族から「植物学者」というあだ名をもらった。

この本には「薬草」という項目もあったので、薬草も調べるようになった。そして、将来は医師になろうか、という漠然たる思いも芽生えたのだった。

「時代の精神」というものがある。

一八世紀には、スウェーデンのリンネ（C. von Linné : 1707–1778）とフランスのビュフォン（G.-L. L. C. de Buffon: 1707–1788）という二人の偉大な自然誌学者があらわれた。それ以来、一八世紀の中葉から一九世紀の中頃までの約一〇〇年間、ヨーロッパは自然誌ブームに沸いていたのである。エストニアで貴族がクジャクを飼育していたのも、これと無縁ではなかったであろう。

一八世紀のヨーロッパは「啓蒙主義」の時代でもあったから、リンネとビュフォンをはじめ、その後継者たちも、自然に関する新しい知識体系を庶民にまで伝えようと努力した。そのため、各地でその土地の植物誌などが出版されるようになった。少年が入手したコッホの本もそのうちのひとつで、これはフランスのラマルク（J.-B. P. A. de M. C. de Lamark: 1744–1829）の植物体系にもとづいた分類であった。ラマルクは、今では進化論の先駆者として有名だが、ビュフォンの後援を受けた植物学者でもある。

一八、一九世紀は、図像の印刷技術の発展もあって、現代の私たちが見ても、思わずため息が出るほど美麗な大型図譜がたくさん出版された。またこの時代は、自然誌のための探検が盛んに行われた時代でもあった。

参考文献

マッシモ・リヴィーバッチ『人口の世界史』(速水融・斎藤修訳 東京経済新報社 2014)
梨木香歩『エストニア紀行』(新潮文庫 新潮社 2016)
西村三郎『文明の中の博物学』[上下](紀伊国屋書店 1999)
イヴ・ドゥランジュ『ラマルク伝』(ベカエール直美訳 平凡社 1989)
荒俣宏『図鑑の博物誌』(リブロポート 1984)

第4章 高等学校時代

エストニアは、フィンランドと民族・言語的に関わりの深い「北欧」の地方である。北緯六〇度に近く、ユーラシア大陸の東で言えば、カムチャッカ半島のつけ根の緯度にあたる。この遠い北欧のエストニアにも、コーヒー文化が浸透したように、時代によって大きく変わる日常もあれば、変わらない伝統もある。読者は驚くかもしれないが、ドイツ騎士団は、一九世紀になってもエストニアに存続していた。この時代のドイツ・バルト貴族にとって、先祖の修道騎士たちは勇敢な名誉あるキリストの戦士である。先祖たちの作った組織もまた、神聖な伝統のひとつであった。

この組織の名前をエストニア騎士修道会という。プロテスタントには修道制はないので、「修道会」は名称だけ残ったものである。もちろん戦闘集団でもなくなり、エストニアのドイツ・バルト貴族たちの政治組織のようなものになっていた。ベーアの父マグヌスは、後にこの騎士修道会の総長(司令官)および地方の郡長になっている。

エストニア騎士修道会は子弟の教育行政にも力を注いだ。エストニアの第一の都市レヴァル(エストニア語ではタリン、現在のエストニアの首都）は、一三世紀以来、バルト海沿岸貿易によって繁栄していた港町のひとつだった（地図2）。ここには、古くから「処女マリア教会」という大聖堂があった。大聖堂のとなりに学校が建てられたのは、一四世紀にさかのぼる。

そもそもヨーロッパの学校の目的は、聖職者の養成にあったので、「大聖堂の学校」とよばれた。一八世紀になって、エストニア騎士修道会は、この学校を組織替えして高等学校を作った。そのため、この高校は「騎士たちと大聖堂の学校」とよばれるようになった。

当時のヨーロッパの高等教育では、いわゆる古典語教育が基本であった。聖職者はラテン語、つまり、ローマ帝国の公用語であり、キリスト教の典礼に使われる言語を知らなければならなかった。そして新約聖書を読むためには、古代の共通ギリシア語（コイネー）を理解する必要があった。新約聖書はコイネーで書かれ、初代教会によって編纂されたからである。古典語は、ギボンによれば豊潤で完全な言語とされるが、習得には大変骨が折れる。古典語教育は、生徒に精神的鍛錬を与えるとともに、ギリシア・ローマの古典によって人間について多くを学ばせる。つまり人間にとって何が高貴なのか、何が低劣なのか、そして真の勇気とは何か……。日本の江戸時代の武士たちが、漢文の素読と中国の古典を通じて教育された状況によく似ている。

一八世紀になると、ドイツ語圏でも平民（市民）階級が経済的・文化的力をつけるようになった。市民がモーツァルト（1756–1791）の音楽や歌劇、あるいはドイツ語の詩や演劇を普通に楽しむようになってきた。レッシング（1729–1781）、ヘルダー（1744–1803）、ゲーテ（1749–1832）、そしてシラー（1759–1805）などが出て、ドイツ文学を世界的なものにしたのは、一八世紀後半から一九世紀にかけてであった（註：エッカーマンについて）。

この頃になると、エストニアでも貴族階級の子弟だけではなく、市民階級の生徒も「騎士たちと大聖堂の学校」で学ぶことができるようになった。

一八〇七年八月のはじめ、一五歳になったベーアは、ピエプの家を出て、レヴァルの「騎士たちと大聖堂の学校」に入学し、寮に入った。この高校と学寮での三年間が、生涯で最も幸福な時間だったと彼は書いている。

校長のヨハン・コンラット・ベールマンは、ラテン語、ギリシア語、歴史、そして地理の先生であり、かつ学寮の舎監でもあったが、人格的に優れた人であった。ベールマンはれっきとした古典学者で、エストニア社会でも尊敬されていた。

ヨーロッパでは、学識高い人物が学校教師になることはよくあることである。二〇世紀でも、例えばイギリスでは、オックスフォード大学やケンブリッジ大学の優秀な卒業生がパブリック・スクール（私立の中・高等学校）の校長になるという。教育には、「子供の魂に火花を点火し、そこに宿る善なるもの尊いものを目覚めさせる」聖なる使命があるためである。ベールマンも、学寮で生徒と寝食をともにしながら教育に献身した。

ロシア帝国ではあったが、エストリャント県なので、この高等学校ではドイツ語による教育が行われていた。ドイツ語圏の一般の高等学校（ギムナジウム）とは異なり、この学校では古典語のみならず数学と科学にも力を入れていた。数学と物理学の先生は、ブラシェという数学者で、生徒たちから第二のラプラス（1749–1827）として尊敬されていた。彼は課外授業で天文学も教えてくれた。

尊敬する先生から高く評価されるべく、また仲間たちからも尊重されるべく、貴族も平民も区別なく、生徒たちは勉学に励んだ。ベーアは、同年代の若者たちとの間に青年期特有の友情を結んだ。特に、となりの席だったアッスムト（彼は後に主任牧師になった）とは、大親友になった。老年になっても、ベーアはこの頃の友情について感激をもって語っている。

この青年同士の友情については、現代人には分かりにくいものになってしまったかもしれない。青年たちは洋の東西を問わず、鋭い感性をもつものだ。優れた同世代の同性に対して、感嘆をともなう強い憧れを抱く。その感情には、高貴で神聖なものが含まれている。多くの場合、性的な意味はまったくなく、このような感情を同性にもつことは、ごく普通のことである。

ベーアは、家族以外の仲間に対して、生まれて初めて非常に強い絆を結んだのである。

彼は、親友となった仲間たちと一緒に文学サークルを作り、ラテン語の本を読み、ドイツ文学に親しんだ。彼の『自伝』に、「わが人生における詩的時代のはじまり」と記している。

ベーアにとって、文学が大切なもののひとつになった。彼は、劇や小説を創るまでには打ち込まなかったが、詩や散文を書いた。後には、エストニア語の六歩格（ヘクサメトロス：ホメーロスが使った詩形）の叙事詩なども創るようになった。

一方では、植物学研究も大切なものであり続けた。日曜日の午後や夏休みには、徒歩旅行（ヴァンデルン）による植物採集を熱心に行った。また、この頃から遠距離のヴァンデルンを愛好するようになった。

谷川俊太郎の詩「捧げもの」に、

「ヒトのことばは
名づけられぬものへの捧げもの
夕やけの前でことばはいつももどかしい
……
そして詩のことばは
限りない宇宙と限りある人々への捧げもの
……」とある。

詩は、名づけられない神秘なものを、直感とひらめきによって「捧げもの」にし、言葉にする。他方、自然誌研究は、自然界の未知の領域をさぐり、辛抱強い観察と丁寧な調査によってものごとを洞察し、言葉で概念化する。詩の精神と自然誌研究との間には、どこか通底するものがあるのかもしれない。

ゲーテはベーアより四三歳年長の大先輩だが、『ファウスト』の第一部は一八〇八年に発表されている。ゲーテは、ベーアにとって、かろうじて同時代の詩人・文学者と言ってよいだろう。ゲーテもまた自然誌研究に熱意をもち、植物学、骨の比較形態学、色彩論、そして地質学・鉱物学を研究していた。

参考文献

池田潔『自由と規律』(岩波新書 岩波書店 1949)
谷川俊太郎『詩の本』(集英社 2009)
エッカーマン『ゲーテとの対話』[上中下](山下肇訳 岩波文庫 岩波書店 1938–69)

4章註●エッカーマンについて

ドイツ諸国では、封建的身分制度が長く残った。富裕な市民階級の子弟はともかく、庶民の子弟にとっては、高等教育を受けるのは容易なことではなかった。例えば、『ゲーテとの対話』の著者のエッカーマン(1792–1854)は、ベーアの生まれたのと同じ年に、ハンブルク近郊の小さな町の貧しい家に生まれた。そのままであったならば、彼は両親と同じような貧民のひとりとして生涯を過ごしたであろう。たまたま彼には絵を模写する才能があったので、一四歳の時に町の有力者の目に止まり、彼らの好意によってフランス語などの教育を受けることができた。事務職(書記)に就職できたのも、彼らのおかげであった。その後、彼は高等教育を受ける必要性を痛感するようになり、二四歳になってからギムナジウムで働きながら学び、二九歳でゲッティンゲン大学に入学した。知遇を求めて七四歳のゲーテを訪ねたのは、一八二三年(三一歳)の時であった。それ以来、ゲーテの格別の好意にほだされて、彼はヴァイマールを離れられなくなってしまった。

第5章

ドルパト大学時代

ベーアと同時代の文化的偉人がゲーテであるならば、同時代の大事件はフランス革命とそれに続く戦争である。

ベーアの生まれた一七九二年には、「ヴァルミの戦い」が起こっている。ヴァルミでは、フランス市民軍とプロイセン・オーストリア連合軍との間に戦闘が行われた。ここではじめて市民兵（義勇兵）たちが職業軍人（傭兵）たちを押し返した。これがフランス革命軍の最初の軍事的勝利であった。プロイセン側に従軍していたゲーテは、「この日、この場から、世界史の新しい時代がはじまる」と書き記した。実際、「自由、平等、主権在民、人権、そして国民国家」というフランス革命の理念は、約二世紀以上経過した現代にも続いている。

「フランス革命は啓蒙思想が準備した」とよく言われる。啓蒙思想の核心は人間理性への信頼である。急進派の革命家たちは、宗教（ローマ・カトリック教会）を弾圧し、その代わりのように人間の「理性」を偶像化し崇拝した。しかし実際に出現してきたのは、「理性的な社会」どころではなく、革命家たちによる「恐怖政治」であった。

しかし、革命によって身分制度が廃止され、フランス人の誰もが「国民」という名の国の主権者になった。革命的民衆にとって、「フランス祖国」は熱狂の対象となった。「祖国」が今度は偶像になったのだ。現代の私たちには「国民国家」があたりまえになっているため、分かりにくい感情かもしれない。しかし私たち日本人もまた、明治維新とその後の対外戦争によってはじめて、「日本国の国民」という高揚した意識をもった。

回りの国々の君主たちは、革命の波及をおそれてフランス革命政府をつぶそうとした。両者は戦争状態になり、フランス革命戦争がはじまった。熱く高揚したフランス国民軍は、最初は防衛的だったものの、一七九四年頃からヨーロッパ全体を侵略するように変貌していった。ナポレオンは、ベーアより二三歳年長であるが、このフランス革命戦争で軍人として頭角をあらわした。彼は一七九九年クーデターを起こし、フランスの第一執政となり、一八〇四年には「フランス人民の皇帝」になってしまった。

ナポレオンは軍隊の移動を軽快にするために、「軍需物資は現地徴発」を基本にした。しかし「現地徴発」とは、多くの場合、現地の人々にとっては「略奪、婦女暴行、放火、そして抵抗する者を殺すこと」に他ならない。ナポレオン軍はヨーロッパの旧体制を打破して革命理念を普及させる一方、各地で貪欲と暴虐をほしいままにした。

一八一〇年、皇帝ナポレオンはその絶頂期にあり、オーストリア帝国やプロイセン王国をはじめとする、ほとんどの国々を戦争によって屈服させた。フランスに支配されていない大国は、わずかにイギリスとロシアのみになっていた。

その一八一〇年、幸福な三年間の高校生活を終えると、ベーア青年はレヴァルからドルパト（エストニア語ではタルトウ、現在のエストニアの第二の都市）に移り、大学に進学した。ドルパトは、隣りの県（リフリャント県）にあり、レヴァルから約一七〇キロメートル南東の都市である（地図2）。

当時、「騎士たちと大聖堂の学校」の優秀な卒業生は、ドルパド大学に無試験で進学できた。ベーアもそのうちのひとりであった。

この大学もまた長い歴史をもち、スウェーデン王国によって一六三二年に創設されたものである。北方戦争によって、閉鎖された時期もあったが、ロシア皇帝アレクサンドル一世（1777–1825）によって八年前から再開されていた。

ドルパト大学はロシア領でありながらもドイツ語文化圏に属し、当時戦火で荒れていたドイツ諸国から多数の若い学者を高給で雇用した。その中でも重要な人物は、カール・フリードリッヒ・ブルダッハ（Karl Friedrich Burdach: 1776–1847）である。彼は現代でも脳の研究者として高く評価されている。

この大学は、その後一九世紀を通じて優れた業績をあげ、ドルパトは「北のハイデルベルク」と呼ばれるようになる。

ベーアは長男ではなかったので、ピエプの荘園を継ぐことはできない。当時のバルト・ドイツ貴族の次三男以下のものは、軍人になることが多かったが、法律家や官僚になるものもいた。大学への進学にあたって、当然のことながら将来の職業が検討されたことだろう。

彼は植物学に熱心で、高校で数学と物理学にも惹かれていたので、もし現代であれば、うたがいもなく自然科学者という職業を選択していたであろう。しかし当時、そのような職業はほとんど確立されていなかった。一方植物学は、薬学の一部として当時の医学生に教授されていた科目であった。内心では多少の違和感を感じながらも、結局彼は医師という専門職になるつもりで大学に進んだ。

当時のドイツ語圏の大学生たちは、同郷人学生会という先輩・後輩関係の厳しい組織に入り、大酒を飲んだり決闘をやったり、というバンカラ生活を送るものが多かった。

しかし青年ベーアはそのような生活は好まなかった。親友アッスムトと一緒にドルパトに住み、四年間大学に通った。彼は、この大学で多くの優れた教授たち、そして少数のそうではない教授たちと出会った。

優れた教授のひとりは、物理学教授のパロットであった（彼はのちにドルパド大学の学長になった）。彼の講義は生き生きとしていて、特殊な物理現象からはじめて、普遍的な一般的結論に自然と達するように良く工夫してあった。この「特殊から一般へ」という流れは、あとで見るように、ベーアの将来の学問的スタイルとなった。さらに言うと、この「個別特殊な事物から、普遍的一般的な概念へ」というのは、アリストテレス以来の学問の本道である。

一八一一年には、ブルダッハが解剖学と生理学の正教授としてライプチヒ大学から赴任してきた。当時三五歳という少壮教授の解剖学の講義は非常に興味深く、人体解剖の示説もすばらしいものであった。彼は魅力的でウィットに富んだ人物だった。

人体解剖学は医学生にとって必須の基礎科目である。人体の構造をよく知り、外科手術をするためには、必要不可欠である。しかし当時のヨーロッパでは、解剖用の人体が不足していた。それゆえ、教授あるいは解剖士（prosector：解剖学者の経歴としての最初の職階）が教室中央の解剖台で遺体を解剖し、回りの見学席にいる学生に示説することが多かった。このため、ドルパト大学の解剖学教室は、「解剖劇場（示説ホール）」と呼ばれていた。

さらに植物学者のレーデボウルがいた。彼は自然誌を教えた。当時の自然誌は、動物学、植物学、鉱物学、そして地質学から構成されていたが、彼はほとんど植物学のみを講義した。ベーアは大学でも、同好の学生と一緒に植物採集旅行を熱心かつ愉快に続けた。

ベーアは彼ら三人の先生と個人的にも親しくなり、教授たちの私宅に出入りするようになった。ヨーロッパでは、教授が私宅を学生たちに開放するのは、珍しいことではない。そもそも昔から、学問の伝達は学者の私宅で行われていたからである。教授の私宅では、学問の話ばかりではなく、家族や友人らとともに音楽や文学が楽しまれた。一種の社交の機会でもあり、文化的なサロンでもある。学生たちにとっては刺激的で啓蒙的な場所であり、永続的な友情が教授との間に結ばれることも多かった。

その中でもブルダッハは、後に出てくるように、ベーアの人生に大きく関わることになる。

学年が進むと、臨床医学の理論と実技を学ぶ必要がある。

一九世紀初頭の臨床医学にあっては、麻酔、抗生物質、消毒、病原菌、そして細胞という概念など、現代では常識になっていることが未だ知られていなかった（註：細胞学説）。治療法として、現代では行われなくなった、瀉血（血液を一部抜き取ること）が盛んに行われていた。診断技術もまた素朴なものでしかなかった。しかし優れた医師というものは、どんな時代でも、どんな国でも、人類とともに必ず存在してきたものである。バルク教授も、そのような優れた医師のひとりで、学生たちから尊敬されており、彼の講義内容は速記によって一字一句ノートされるほどであった。バルク教授は病理学、治療学、外科学を教え、そして外来診療所の長でもあった。

臨床医学では、教授の診察に学生が立ち会って医学の実技を学ぶ。学生ベーアもバルクが実際に診断するところを見学させてもらった。彼が最初に立ち会った患者は神経性の熱を出していた。バルクは患者を長いこと調べて、「無感覚状態」、「ひどく赤くなった目」、そして「ガラスのように光沢のある眼球」などの症状をベーアにはっきりと指摘した。そして治療法は、「吉草根（きっそうこん）（カノコソウの地下茎・根を乾燥したもの）を与えよ」というものであった。

なぜ、ことさら吉草根なのか？　ガラス光沢の眼球と吉草根を結びつける理屈が、ベーアにはよく呑み込めなかった。バルクは、彼の経験と直感的天分にもとづいてこの治療法を決定したのだが、なぜそのように決定したのかを他人には平易に説明できなかった。要するに、バルクの臨床的な経験則と直感は、ベーアが好んだ数学・物理学的な思考法にはぴったりと来なかったのだ。

優秀ではない教授のことも、『自伝』にはっきりと書いている。

当時人体解剖学を教えていたのが、ツィホリウスである。彼は正教授ではなく、解剖士であったが、ベーアが入学したときには唯一の解剖学の先生であった。不運なことに、ブルダッハはまだ着任していなかったので、彼はツィホリウスの解剖学を聴講することになった。

解剖学には大量の解剖学用語（すべてラテン語）が出てくる。人体解剖学の講義は、よく工夫しないと、解剖学用語の無味乾燥な羅列にすぐに堕してしまう。ツィホリウスの講義はこのたぐいで、しかも一本調子でくどいものであった。

この先生はあらゆる面からみて面妖な人物で、酒精を一杯ひっかけてから、軍服の長いコートを着て解剖劇場にあらわれた。講義中ながながと説教することもあった。しまいには、「わしはツァーリ（ロシア皇帝）の名において講義しているのだぞ」と言うのだった。

一八一二年、ナポレオンは、ついにツァーリ、アレクサンドル一世のロシア帝国を侵略しはじめた。六月、彼は六五万人を超える大軍勢でロシアに攻め込んだのである。フランス側では「ロシア遠征」、ロシア側では「祖国戦争」とよばれる戦争がはじまった（地図3）。

このフランス遠征軍の兵士たちのうち、フランス人は半分以下で、残りはイタリアやドイツ諸国などの従属国から駆り集められた。ナポレオンは、主力を率いてスモレンスクに進み、ロシアの古都モスクワをねらった。一方マクドーナル将軍に率いられた第十軍は、北方のリガ（現在のラトヴィアの首都）に進み、首都ペテルブルクをねらった。

リガは、「バルトの真珠」とよばれた商業都市で、ドルパトの約二二〇キロメートル南西にある。リガは第十軍の激しい砲撃にさらされた。リガの攻防戦は半年近くにおよぶ。そのうち、リガ近辺では発疹チフスが流行し、病院は戦争による負傷者と発疹チフス患者であふれた。医師も多数亡くなったので、医師不足になってしまった。ロシア当局は、若い医師あるいは高学年の医学生をリガに派遣するようにドルパト大学に要請した。

青年の熱血と愛国心にかられて、ベーアをはじめ二五人の医学生たちがリガ行きを志願した。彼は第三学年の医学生になっていた。

一八一二年一一月、リガでは毎日砲弾が街路で爆発し、兵士のみならず市民にも、死が日常的なものになっていた。ベーアたちは戦争の恐

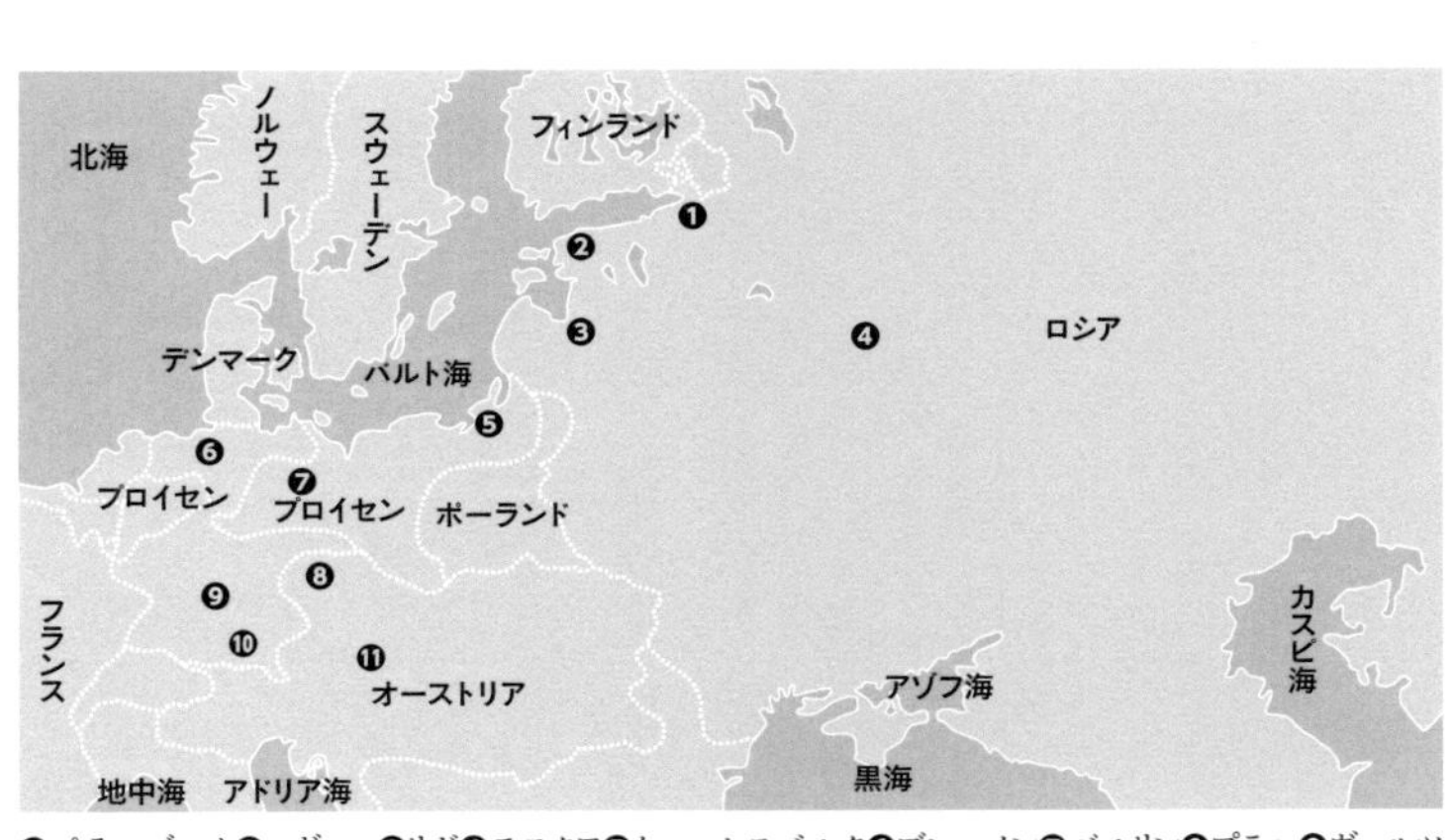

❶ペテルブルク❷レヴァル❸リガ❹モスクワ❺ケーニヒスベルク❻ブレーメン❼ベルリン❽プラハ❾ヴュルツブルク❿ミュンヘン⓫ウィーン

地図3▶19世紀中頃のヨーロッパ

モンゴメリー・マーティン編『ジョン・タリスの世界地図:19世紀の世界』(井上健監訳 同朋舎出版 1992)の「ヨーロッパの地図」をもとに作図。

怖というものをはじめて実際に目撃した。人が道を歩く時にアリを踏みつぶしてしまうように、戦争は人間の生命を無造作に奪っていた。

彼は大きな納屋を改造した野戦病院に配属された。納屋はすぐに三〇〇人の患者で一杯になってしまった。これを、医薬品もほとんどない中、ベーアと先輩医師または先輩学生との、たった二人で診るのである。ひとり五分としても、一五〇人を診るためには一二時間半かかる。ベーアたちができることは、ほとんどなかった。病人の多くはフランス軍の捕虜で、プロイセン兵とバイエルン兵が多かった。ベーアは、彼らとドイツ語で話すことが、医療より何より、彼らの慰めになると思った。

ベーアと仲間のグラーザーは、リガ郊外の焼け残った小さな家に宿舎を割り当てられていた。リガに来て二週間後、グラーザーが発疹チフスで倒れた。二、三日後、ベーアも、野戦病院で頭の非常な重苦しさを覚えた。発疹チフスに感染したらしい。

彼は宿舎に帰ると、ともすれば倒れそうな中、大変な努力をして両親に遺書を書いた。その当時、発疹チフスの対処に有効だとされていたのは、刺激剤だった。彼は生まれてはじめてワインを一杯飲み、酢をひと瓶まくらもとに用意してから、もがくようにベッドにもぐり込んだ。時々酢を飲んでいたことは覚えているが、その後の記憶はなくなってしまった。

どのくらいの日数が経ったか分からないが、ふと気がつくと、先に回復していたグラーザーがそばに立っていた。彼は笑って言った、「全身赤い発疹だらけだぞ」。

結局、志願した医学生二五人全員が発疹チフスで倒れ、ひとりが死亡、残りは回復した。この病気は、シラミやダニが媒介する、リケッチア（微生物の一種）の感染による。当時はこのことを誰も知らなかったから、たとえ優秀な医師が対処したとしても、どうしようもなかっただろう。結局のところ、患者自身の「自然治癒力」にまかせるしかなかった。

彼は、ベッドでゆっくりと回復していった。すると一二月、ナポレオンがロシアから退却したのみならず、大遠征軍も解体・消滅しつつあるという、驚くような話が聞こえてきた。マクドーナル軍もまた、退却したという。

ベーアたち医学生は、翌一八一三年一月の初旬にドルパトに喜んで帰還した。彼らが祖国に貢献をしたとは、とうていベーアには思えなかったが……。

参考文献

五十嵐武士・福井憲彦『世界の歴史21アメリカとフランスの革命』中公文庫(中央公論新社 2008)
ゲーテ『ヘルマンとドロテーア』(國末孝二訳 新潮文庫 新潮社 1952)
和気健二郎ほか「タルトウ(ドルパト)大学Anatomical theaterの解剖学者たち」(『解剖学雑誌』85: 91-95, 2010)
司馬遼太郎『坂の上の雲』(文藝春秋 1972)
ナイジェル・ニコルソン『ナポレオン1812年』(白須英子訳 中公文庫 中央公論社 1990)
ウィリアム・H・マクニール『戦争の世界史』[上下](高橋均訳 中公文庫 中央公論社 2014)

5章註●細胞学説

シュワン(Theodor Schwann: 1810-1882)によって動物における細胞学説が提出されたのは、一八三九年である。シュワンは生理学を研究していたが、友人の植物学者のシュライデン(Mattias Jakob Schleiden: 1804-1881)との議論から「あらゆる生物は細胞からなる」という概念に確信を持ったという。なお、シュワンの「動物の細胞説」と並んで、シュライデンも、一八三八年に「植物の細胞説」を発表している。シュワンは、末梢神経系のグリア細胞(神経膠細胞)である「シュワン細胞」の発見者としても名高い。

第6章 大学卒業と遍歴修業の旅

パリに戻ったナポレオンは、新たな徴兵を開始した。フランスは人口が多く、国民皆兵制をとったから、大規模なフランス軍はすぐに再建された。

しかし、これまでのフランス軍の暴虐は、ドイツ諸国民に大きな屈辱感を与え、ドイツ人の民族主義運動を活発化させていた。プロイセン王国は、ロシア帝国などと同盟を組み、フランス支配からの解放を目指した。ドイツ側で「解放戦争」とよぶ、一連の対フランス戦争がはじまったのである。ヴァイマール公国のイェーナ大学の学生など、多くの若者が愛国心から義勇兵となり、この解放戦争に参加した。後に『ゲーテとの対話』を著すことになる、二一歳のエッカーマンも、書記職を辞して義勇軍に加わった。

一八一三年一〇月中旬には、ライプチヒで約五五万人による大会戦が行われた。この「諸国民の戦い」で、ロシア、プロイセン、オーストリア、そしてスウェーデンの同盟軍がナポレオン軍を敗走させた。この敗戦によってナポレオン帝国の瓦解がはじまったのである。

一八一四年三月、アレクサンドル一世、プロイセン国王（フリードリヒ・ヴィルヘルム三世）、そしてオーストリア皇帝代理に率いられたコサック兵やプロイセン兵などがパリに入城し、フランスの首都を二ヶ月間占領した。四月、ナポレオン帝国は降伏し、皇帝は退位して流刑地のエルバ島に向かった。

このような歴史的大変動の中、ロシアの愛国的学生としてリガの防衛に関わったものの、ベーアは政治や革命に熱くなるタイプの青年ではなかった。『自伝』を読むかぎり、ゲーテとよく似ていて、彼は「非急進的な自由主義者」あるいは「穏健な貴族主義者」だったと思われる。ゲーテもベーアも、暴力による変革を嫌悪した。

ドルパト大学に帰還したベーアは、静かに医学の勉学を続けた。そして彼は、一八一四年六月のある暑い日から、あの発疹チフスに続く、第二の試練に入った。医学部卒業のための一連の試験である。

周知のように現代の日本では、六年間の医学教育の後、全国共通の医師国家試験に合格して、はじめて医師免許が与えられる。

しかし当時、全ドイツ語圏共通の医師資格国家試験というものはなかった。大学の権威が高かったため、各大学の医学部を無事卒業したものには、医師開業の資格が与えられていた（英国では、現代でもそうだという）。

ドルパト大学では、四年間の医学教育の後、卒業するためには次の三つの関門を通過する必要があった。すなわち、口頭試問による最終試験、医学博士論文の提出とその受理、そして実際の遺体を用いての外科手術の実地試験である。

ブルダッハ教授は、残念なことに、一月にプロイセン王国のケーニヒスベルク大学に異動してしまっていた。そのため、あの変人のツィホリウスによって解剖学と生理学の最終口頭試問が行われた。苦闘したが、何とかこれをベーアは通過することができた。

彼は、博士論文については、以前から準備していた。最初は、年期の入った植物学の論文を予定していたのだが、レーデボウルとブルダッハのすすめにより、もっと医学に密着したものにすることにした。ラテン語で書かれた「エストニア人の風土病について」というのが彼の医学博士論文である。

最後に遺体の手術だが、これが最大の難関となった。この大学では、もともと解剖用の遺体の数が少なかった。解剖学実習でも、学生たちは苦労していた。ベーアも、解剖学教室にさんざん請求した末、ようやく腕一本を確保して解剖実習をすることができたほどである（註：現代の日本における解剖学実習）。

あいにく、この夏、大学には解剖用遺体がまったくなかった。遺体がなければ、最終関門に入ることさえできない。八月一日がすぎ、もうすでに新しい学期が始まってしまった。やむを得ず、学長に事情を話して期限を延期してもらった。「私は、餓えたハゲワシのように、誰か死にそうな人を探して街をあてもなく歩き回った」と彼は書いている。ようやく陸軍病院で、そのような病人を見つけ出した。その人が亡くなるのを待ち、バルク教授の実地試験を受けて試験を通過する頃には、すでに八月の終わりになっていた。

こうした苦労のすえ、二二歳で医学博士の新米医師になったものの、実地医療にすぐに従事する自信が彼にはなかった。自分には、バルク教授が持っているような、医師としての天分がないのではないか、と自分自身を疑うのであった。もっと何か、実際的な訓練が必要そうだ。

人の話によると、オーストリア帝国の首都ウィーンには、大きな病院が多くあり、そこでは実地医療を学ぶことができるという。さらに最近、ウィーンのヒルデンブラントという医師が発疹チフスの治療法を発表し、大きな反響をよんでいた。彼は医学修業のためにウィーンに行きたいと思った。しかし、家には多くの兄弟姉妹がいることを考えると、さらなる学費の出費は父親にとって痛手だろう。

おそるおそる父親に自分の留学希望について話すと、父マグヌスは反対しなかった。それどころか、「これは、あの時の治療に対する謝礼金だ」と言って、一年半ほど外国で暮らすことができる大金を彼に与えてくれた。実は少し前、父の鼻にみっともない赤い吹き出物ができてしまい、彼は要人に会う前だったので困っていた。それをベーアは、バルク教授に教わった処方によって完治させたことがあった。父マグヌスはその謝礼を口実にして、彼の背中を押してくれたのだった。

荘園を継ぐ予定の兄のルードヴィヒにも話して、ほぼ同額のお金を借りることができた。こうして、予定三年間の医学修業が可能になった。

留学予定の医学部卒業生は、ベーアの他にも五人ほどいた。そこで、彼らはダンゴのように一団となって、一八一四年八月末にドルパトを離れ、ドイツを目指した（地図3）。当時ドイツ諸国は、ロシア、イギリス、オーストリア、そしてプロイセンなどの同盟軍によってフランス支配から解放されたばかりだった。

鉄道の発達していなかった当時、彼らはまず船でプロイセン王国にわたり、ケーニヒスベルク大学を訪れ、ブルダッハの歓迎をうけた。それから貨物馬車に便乗して、プロイセンの首都ベルリンをめざした。

ベルリンで、ベーアはひとりのドルパト大学同窓生と再会した。クリスティアン・ハインリッヒ・パンダー(Christian Heinrich Pander: 1794–1865)という二歳年少の青年である。彼はリガ出身で、すでに半年ほど前から新設のベルリン大学(一八一〇年設立)に来ていて、動物学と植物学を勉強していた。彼は、後で本書に再三登場する。

パンダーは、ベルリンのすばらしい植物園や動物学展示館について熱心に語った。彼は、ベーアも植物学や自然誌に興味をもっていることを知っていたので、ぜひ一緒にベルリン大学にとどまるようにさそった。ベーアは、これに強くひかれたものの、結局ことわった。彼は医学留学にあたり、自然誌研究について自分自身に強く禁じていたからである。旅行出発の時、大切にしていた植物の腊葉標本も、物置部屋に片付けてしまったほどだ。大金を与えてくれた父や兄の期待を考えると、これからは臨床医学修業に専念しなければならない。

友人たちは、つぎつぎとドイツ各地の大学に散っていったが、彼はひとりの友とともに、ザクセン王国の首都ドレスデン、そしてオーストリア帝国のプラハ(現在はチェコ共和国の首都)を経て、首都ウィーンに向かった。

当時のウィーンは、昔からの神聖ローマ帝国の首都であるばかりではなく、ヨーロッパ国際政治の中心地のひとつだった。アレクサンドル一世をはじめ、戦勝した同盟軍の首脳がこの都市に集まり、今まさに、ウィーン会議が開催されているところであった。

ウィーンはドイツ語圏の中心であるのみならず、医学の先進地でもあったので、オーストリアは勿論のこと、ドイツ各地、スイス、そしてイギリスから多くの医師や学生が来ていた。ベーアは、病院施設などが集中している地域近郊に早速宿をとり、臨床医学の研修にのめり込んでいった。

有名な眼科医、ビーア博士の診療所を定期的に訪ね、ルスト教授のすばらしい外科手術を見学した。ボエル教授の産科学や包帯学も勉強した。

もちろん例のヒルデンブラントにも師事した。そもそもウィーンに来たのは、彼に内科を学ぶためであった。ヒルデンブラントはこの時期、発疹チフスの治療から離れ、別の治療法試験に熱中している真最中であった。主に鼻風邪などの軽症患者が病棟に集められ、治療試験が行われていた。

ヒルデンブラントは、非常に大柄な太った医師で、数多くの学生の集団を従えて病棟に現れるのを常にしていた。日本の医学部で、「大名行列」とよばれる教授の診療風景である。ベーアは、これを彗星（教授と学生たち）とその大きな頭部（ヒルデンブラント）に例えている。ベーアはこの彗星の中に何とか潜りこみ、実際の診療を見学することができた。

数日間通うと、大体の様子が分かってきた。すべての患者に、人によって多少添加物が変化するが、基本的には「オキシメル　ジムプレクス」という薬が処方されていた。この薬は蜂蜜を酢と一緒に沸騰させたものである。ヒルデンブラントとしては、患者自身にそなわった「自然治癒力」によって、あらゆる病気を治癒できることを証明したかったらしい。

これは、「待って、そして結果をみる」方式の治療法ではあるが、結局のところ、「人為」を極力排して「自然」にまかせる方法である。ベーア自身が、発疹チフスで、すでにリガで体験したこと、そのものではないか。

当時のウィーンの医学は、「自然治癒力」を治療の中心にすえつつあった。自然には人を治癒できる仕組みがある、という考え方は、内科だけではなく外科にもおよんでいた。外科医のケルン教授は、あらゆる傷や潰瘍を、暖かいお湯につけた布で覆うだけで治癒させようとしていた。

これは、ベーアにとって、一種奇妙な状態といえる。彼は、自然研究についての思いを無理やり断ち切って、臨床医学を研修しようとしていた。ところが今、医学の本場に来てみると、卓越した臨床家がそろって「自然には、人を治癒できる仕組みが隠されている」と教えているのである。

臨床に、特に内科に、「何か積極的な治療術」を期待していただけに、彼は臨床医学に失望してしまった。ベーアは診療実習に自信をなくし、ビーア博士の眼科診療所を定期的に訪ねるのみになってしまった。もし彼が、それでも臨床研修を続けていたら、ひとりの優秀なエストニアの眼科医が誕生していたかもしれない。

ところが何者かが、彼のあずかり知らない所で、彼を臨床医学から自然研究へ誘惑する準備をしているようだった。

この年の冬から翌年にかけて、セイレーン（船乗りを誘惑する海の魔物）の声が彼に二度呼びかけた。この誘惑は、「植物採集家」そして「親友の登山家」という双子の形をとって具象化した。

ウィーンでは、外国から留学していた医師たちは、「黄金の牡鹿のところに」というレストランで食事をとるのを常としていた。ある晩のこと、二人の植物採集家がこのレストランにあらわれ、植物のコレクションを医師たちに回覧した。材木で作った本が出てきた。それを開けると、驚いたことに、その材木の葉、花、果実、そしてその木を好む昆虫の標本が入っていた。思わずホーッとため息が出た。彼は、久しぶりに「うめきもしないし、治療を求めて騒ぎもしない」生きものに接して、まったく嬉しかった。

もうひとつのセイレーンの声は、大学以来の親友から出た。親友の名前はフリードリッヒ・パロットという。物理学教授のパロットの息子で、ベーアと同年齢の若者である。しかし彼は、ベーアが一目おくような、強く指導的な人格をもち、登山を趣味としていた（彼はのちに著名な登山・探検家になった）。パロットも卒後留学でウィーンに来ていたのだが、ある日、彼らは街でばったりと出会った。パロットは、日頃元気なベーアが意気沮喪しているのに気がついたらしく、一緒に山に行くことを非常に強くすすめた。


二人がシュネーベルクというオーストリア・アルプスの山に出かけたのは、翌年（1815）の春のことだった。シュネーベルクは、ウィーンの街からも見える、標高二〇七六メートルの山である。ベーアの生まれ育ったバルト諸国は、ロシア大陸の北西の端に位置し、一般に低地である。エストニアの標高は、第四氷河期に氷河が削ったために、最高でも三一八メートルしかない。

ウィーンから徒歩で二日の山行であった。彼らは、まだ雪の残る荒涼たる山岳地帯に入っていき、シュネーベルク山に登りはじめた。森林地帯を抜け、次いで低木地帯を過ぎ、ついにアルプス特有の植生が見られる標高に達した。ベーアは、生まれてはじめて高山特有の空気と植物に接した。頭上には、青い崇高な大空のみが輝いていた。

彼の歓喜と恍惚を想像していただきたい。しかも、かたわらには、信頼し愛する親友が一緒にいた。彼にとって、あらゆることが喜ばしく嬉しくてならなかった。

この後のことは、第1章で紹介したとおりである。

次章からは、彼がデリンガー教授に出会ってからの話に移ろう。

参考文献

ゲーテ『ヘルマンとドロテーア』(國末孝二訳 新潮文庫 新潮社 1952)

パスカル・ロロ『バルト三国』(磯見辰典訳 文庫クセジュ 白水社 1911)

梨木香歩『エストニア紀行』(新潮文庫 新潮社 2016)

6章註●現代の日本における解剖学実習

筆者は、一九七六年から一九九二年までの一六年間、千葉大学および琉球大学の医学部などで解剖学教育に携わった。現代の日本では、「白菊会」会員などの篤志家の献体により、医学教育用のご遺体が十分確保されている。そのため「解剖学実習」という医学課目で、医学生は数人のグループで、一年間当たり二体の防腐処置された人体を全身にわたって解剖することができる。実習終了後(約一年後)、ご遺体は医学部や大学によって火葬にふされ、ご遺骨はご遺族に返還される。

第7章 デリンガー教授をめぐって

ヴュルツブルク大学では一八一五年の秋学期の講義が始まった。この大学は、ドイツ諸国の中でも最も古い大学のひとつで、一四〇二年に設立されている。

ベーアはデリンガー教授の研究室に本拠地をおきながら、ジーボルト教授の産科学などの臨床医学の講義を聴講した。

自然研究を志しつつも、彼は医学修業を完全に捨てたわけではなかった。将来の自分の生計をたてるためには、やはり、医学しかないだろうと考えていたからである。

一八世紀から二〇世紀初頭まで、多くのヨーロッパの自然誌学者（生物学者）がこの道をたどった。まず医学を修め、生活上の後顧の憂いをなくし、それから自然研究に専心する。かなり後の世代だが、動物学者のヘッケル（E. Haeckel: 1834–1919）、発生学者のシュペーマン（Hans Spemann: 1869–1941）、そして、あのジュール・ヴェルヌ（1828–1905）の『海底二万里』の語り手、アロナックス教授もそのようにした。

ベーアの恩師デリンガー教授にしても、似たような経歴をもっている。

彼の『自伝』の中で、ベーアは数ページにわたってデリンガーについて書いている。

イグナツ・デリンガー（Ignaz Döllinger: 1770–1841）は、一七七〇年にバイエルン王国のバンベルクに生まれ、地元の大学で医学を修め、その後ヴュルツブルク、ウィーン、パヴィア（現イタリア）などで医学を教えた。彼はベーアより二〇歳年長で、ゲーテより二一歳若い。ベーアとゲーテとの、ちょうど中間の世代である。彼は思索的な人であり、特にカント（Immanuel Kant, 1724–1804）の哲学、そして後ではシェリング（F. W. J. von Schelling: 1775–1854）の哲学に傾倒した。

シェリングは、「ドイツの自然哲学者」あるいは「ドイツ観念論者」のひとりとして知られている。デリンガーもまた、現代の医学・生物学史では、「ドイツの自然哲学者」のひとり、といわれることが多い。しかし、後で述べるようにそれは少し間違いだ。

現代の生物学者から見ると、一八世紀末から一九世紀はじめのヨーロッパの生物学には、違和感がかなりあるだろう。当時の生物学には、「ドイツの自然哲学」の影響があるからだ。この哲学は、当時の自然科学に関係しているが、時代の産物でもある。

フランス革命とナポレオン戦争が、その後のヨーロッパに与えた影響はまことに大きい。それは、賞賛と反発の二重の意味においてである。

肯定する方向としては、革命の理念が戦勝国の青年たちにも浸透したことである。ドイツ諸国では、立憲君主制とドイツ統一をもとめる学生たちが急進的な政治運動を行うようになった。これが一八四八年三月のウィーン革命（三月革命）につながる。またロシア帝国でも、一八二五年一二月に青年貴族たち（デカブリスト）の反乱が起こる。彼らは農奴制の廃止をもとめていた。

反発する方向としては、絶対君主制を守ろうとする権力側の動きである。いわゆる「ウィーン体制」といわれる反動政治がこれである。

反発は、政治のみならず、思想、芸術、そして学術にもおよんだ。ヨーロッパの人々は、フランス革命の体験によって、啓蒙主義の「理性」にもまた幻滅したからである。「理性」や「合理主義」は、ときに乱暴なまでに冷徹果断になってしまう。革命後のヨーロッパでは、「理性」や「合理主義」に対する反動として、「感情」や「神秘」などに関心が寄せられるようになった。このような風潮は、一般的に「ロマン主義」と呼ばれている。「ドイツの自然哲学」も、広い意味では「ロマン主義」の中に含まれる。


「ドイツの自然哲学」は、天文学や力学よりは、「電磁気的現象、化学、そして生命」という、当時の自然科学では理解しがたい「神秘的」分野に関心をよせた。自然界を、数学的にというよりは、「ことば」と図像によってとらえようとした。そして何よりも、その探求を通じて「人間をふくめた森羅万象を包括的にとらえよう」とした。いわば、詩的精神による自然法則探求といってよいだろう。したがって「ドイツの自然哲学」は、自然科学の中でも特に生物学に親和性がある。

ゲーテもまた、広い意味ではこの流れの中にいた。ゲーテの言葉に、「生物の多くはデモーニッシュな（知性や理性では解き明かしえない）存在だ」、あるいは「鉱物学の世界では、最も単純なものが最もすぐれているのだが、有機体の世界では、最も複雑なものが最もすぐれている」とある。彼は個々の自然の究明につとめながらも、細かな自然的事実のすべてを動かしている、偉大な法則（ゲーテの言う「精神の息吹」）を直感的にとらえようとしていた。

ゲーテは比類のない人間通で、ヴァイマール公国の世故に長けた高官でもあり、「ドイツの自然哲学」のパトロン的立ち位置にあった。シェリングは、そもそもゲーテに認められてイェーナ大学に迎えられた人物である。

一八三〇年、フランスアカデミーでジョフロア・サンチレール（Etienne Geoffroy Saint-Hilaire: 1772–1844）とキュヴィエとの間に激しい論争が起こった。これはゲーテにとって、当時勃発したパリの七月革命より、さらに重大な事件であった。彼は、キュヴィエの経験的・分析的研究法に反対し、総合的に研究して内在法則を求めるサンチレールを完全に支持した。

一八一五年当時、「ドイツの自然哲学」は評判をよび、知的市民と学生たちに高く評価されていた。シェリングその人も、一八〇三年イェーナ大学からバイエルン王国に引き抜かれていた。彼は、ヴュルツブルク大学の哲学教授となり、後にはミュンヘンのバイエルン科学アカデミーの総裁になった。

デリンガーは、臨床医学はもちろんのこと、生理学、解剖学、病理解剖学、比較解剖学、鉱物学、地質学、化学、そして植物学（特に苔）という、非常に幅広い分野について研究した。彼が幅広い分野を研究したのも、自然を包括的に理解したいという、燃えるような思いがあったからである。

しかしデリンガーは、一八一五年の時点では「ドイツの自然哲学」を「卒業」して、この哲学に対して批判的になっていた。

自然科学の基本中の基本は、観察・実験によって自然的事実を確立することであるが、実のところ、これは容易なことではない。観察・実験の技術的限界があることはもちろんのことだが、何より人間の頭脳と五感はだまされやすくできているからだ。事実の解釈(理論をたてること)は、主観的で恣意的な側面があるので、さらに難しいことである。いい加減な「事実」にもとづく「壮大な解釈・理論」は、「単なる憶測」や「面白いほら話」に容易に堕してしまう。デリンガーは、事実とその解釈は厳密に区別して分けるべきだ、と考えるようになっていた。一般に「ドイツの自然哲学」では、この区別があいまいであった。

ベーアもこの世評高い哲学に大きな興味をもち、自然哲学者のヴァグナー教授の講義を聴講した。デリンガーは「得るところはあまりないよ」、と忠告してくれたのだが……。

ヴァグナー教授は、あらゆる事物とそれらの関係性を普遍的に図式化してみせた。この哲学では、四という数が重要視されていた。二つの異なる対立物が作用し合うと、新しいものが生まれ、それらは四種類になるという。たとえば、「家族」をあげてみよう。「父」と「母」は反対物で、その対立物が作用した結果が「子供」である、という。しかし、家族の中の四番目の種類は? ヴァグナー教授によると、それは「召使い」であるという……。

この哲学は、ベーアにとって最初は新鮮で刺激的だったのだが、やがて壮大な空論に思えてきた。ベーアの哲学熱はすぐに冷めてしまい、この講義には出席しなくなった。泥臭い事実こそが、自然研究の始まりである。彼は薬学の講義を聴講し、午後にはヘッセルバッハ老教授の指導のもとに人体解剖学実習に励むようになった。

一八一五年当時、特に生物学の分野では、研究分野の細分化がはじまり、専門化が進みつつあった。ひとりの個人では、生物界のすべての事実を到底探求できるものではない。デリンガーもまた、自然研究の困難さを痛感するようになっていた。彼ひとりだけでの研究には、大きな限界がある。

そこで彼がとった方法は、若者たちを研究者としてしっかりと育てあげ、彼らの研究を通じて、自分もまたその分野の知識を得ることであった。そのため、デリンガーは研究者のみにとどまらず、熱心で献身的な教育者にもなった。

彼は、若者たちに研究をさせる時には、必ず彼らの自主性・自発性を尊重した。まずは、若者自身が現実の自然的事物に直接接して、実習しなければならないからだ。とは言っても、彼らの自由にまかせるのではなく、その様子を注意深く見守り続け、必要そうな場合には、助力や励ましを決して惜しまなかった。ある程度結果が出た段階で、彼らと研究結果を考察議論し、不足している点を指摘した。その過程でデリンガー自身もまた、自然についての新しい発見を学ぶのであった。卒業にあたって若者が論文を作成すると、自分の名前は削ってしまうのが常であった。

デリンガー教授はまた、ヨーロッパの多くの学者と同じように、私宅を学者たちや若者たちに開放していた。それどころか、何人かの若者を家に下宿させることもした。若い研究者たちは、彼の私宅でも研究し、彼といつでも議論をかわすのであった。デリンガーは、若者たちと個人的に親しくなるのを好み、彼らと一緒に話しながら、たびたび近郊までハイキングをした。

青年は、指導者の精神と人柄に驚くほど敏感なものである。このような共同研究の過程で、デリンガーと青年たちとの間に深い友情が結ばれるのは当然のことであった。彼の研究室からは、多くの若い研究者たちが師弟愛をもって育っていった。

例えば、ベーアは勿論、パンダー（次章）やローレンツ・オーケン（Lorenz Oken: 1779–1851）も彼の弟子である（12章）。十数年後のことだが、スイス生まれでアメリカのハーヴァード大学の初代動物学教授になった、ルイ・アガシー（Louis Agassiz: 1807–1873）も、デリンガーの家に下宿していた（註：デリンガーの日本への影響）。

日本との関係で言えば、「日本博物学最大の恩人（上野益三の言葉）」、シーボルト（Phillip Franz Balthasar von Siebold: 1796–1866）も、デリンガー教授の弟子の一人である。シーボルトは、ヴュルツブルク生まれで、親族には著名な医師が数多くいた。ベーアが教わった、産科学の教授もそのひとりであったろう。シーボルトは、ベーアより四歳若いが、一八一五年にはヴュルツブルク大学医学部に入学している。彼もまた、デリンガーの私宅に下宿した。ベーアの『自伝』には記載がないけれど、シーボルトとベーアとは、デリンガーの家で出会ったことがあるのではないだろうか。

シーボルトは一八二三年に来日し、一八二四年には鳴滝塾を開設した。そこで日本人青年に医学を教えるとともに、日本の自然誌（特に植物）を研究した。研究にあたり、シーボルトは、美馬順三（1795–1825）、岡研介（1799–1839）、そして高良斎（1799–1846）などに研究課題を与え、その研究結果をオランダ語の論文として提出させた。シーボルトは、その論文から日本の医術や自然についての新知識を得たのである。優秀な論文を提出した者には、表彰状を与えて賞賛した。

辛口の批評家は、「他人からの資料を労せずして得た研究成果」と評するかもしれない。しかしこれは、シーボルト自身がデリンガーに教わった共同研究のやり方だったのだ。日本の弟子たちも、師匠の期待に応えて熱心に研究し、喜んで論文を執筆したことだろう。彼の、このような研究教育のやり方、若者たちへの接し方、そして植物への愛は、デリンガー直伝のものであろう。

デリンガーは、現代の大学院制度でいえば、理想的な、いや、それ以上のすばらしい指導教官であった。彼は、歴史的には、医学と自然誌学（生物学）を合流させた研究者のひとりとして知られているが、それ以上に、逸材の育成者として特筆されるべきである。

現代から見て、「ドイツの自然哲学」の影響下にあったオーケンやサンチレールなどの研究を批判するのは、たやすいことである。実際、この哲学によっては、「神の神秘的な仕事場をうかがい知ること（ゲーテの言葉）」はできなかった。それにかろうじて成功したのは、「ドイツの自然哲学」とは無縁の、甲虫好きのふたりのイギリス人青年であった。「進化論」が公表されたのは、一八一五年から四四年後のことで、ダーウィンとウォレス（A.R. Wallace: 1823–1913）による。

しかしひるがえって私たち自身を省みると、現代の医学・生物学は当時の「ドイツの生物学」より、本当に「健全」なのだろうか？　経済至上主義にすっかり呑み込まれてしまい、デリンガーたちが持っていたような、燃えるような理想が忘れ去られてはいないだろうか。「社会の役に立つ」ことを錦の御旗にかかげ、その実、人間の無制約な欲得に無批判に奉仕してはいないか（17章参照）。

参考文献

O・マンゴルド『発生生理学への道』（佐藤忠雄訳 法政大学出版局 1957）
チャールズ・シンガー『生物学の歴史』（西村顕治訳 時空出版 1999）
野田又夫編『思想の歴史7 市民社会の成立』（平凡社 1965）
ゲーテ『親和力』（柴田翔訳 講談社 講談社文芸文庫 1997）
エッカーマン『ゲーテとの対話』［中と下］（山下肇訳 岩波文庫 岩波書店 1968–9）
スティーヴン・J・グールド『個体発生と系統発生』（仁木帝都・渡辺政隆訳 工作舎 1987）
上野益三『博物学者列伝』（八坂書房 1991）
吉村昭『ふぉん・しいほるとの娘』［上］（新潮文庫 新潮社 1993）
小川鼎三『鯨の話』文春学藝ライブラリー（文藝春秋 2016）
佐藤恵子『ヘッケルと進化の夢（ファンタジー）』（工作舎 2015）

7章註●デリンガーの日本への影響

アメリカの動物学者モース（E. S. Morse: 1838–1925）は、日本における初代の動物学教授であるが、彼はルイ・アガシーのアメリカでの弟子の一人である。デリンガーは、シーボルトのみならず、アガシーとモースをも通じて日本の生物学に影響していることになる。

第8章 ヴュルツブルク大学——パンダーと発生の研究

ベーアはヴュルツブルクで比較解剖学と医学の勉学に励みながらも、ドルパトからやって来て、ドイツ各地に散らばっている仲間たちのことをたびたび思っていた。

彼らと再会して、また愉快に過ごしたいものだ。高校以来の親友、アッスムトはイェーナ大学で神学を学んでいるが、今どうしているだろうか。

一八一六年の一月、ベーアはイェーナのアッスムトと他の三人にあてて手紙を書いた。その内容は、「春の復活祭（キリスト教の最大の祭り）の休暇期に、イェーナで、仲間全員を集めて同窓会をやろう！」というものであったが、ベーアはこれを大きな一枚の紙に書き、そのあと紙を四つに等分に切り分け、切り分けたものを、四人あてにそれぞれ別々に郵送した。

この謎の手紙を受け取った四人は、互いに紙片を持ち寄り、ベーアの意図を読み取り、歓声をあげた。二月には、彼らのかしこまった招待状がベーアに送られてきた。

「リヴォニア、クールラント、エストニア、ルテニア（いずれも当時のバルト海沿岸地方と近傍地方の地名）会議」が三月二九日にイェーナで開催されるので、そこに公式に招待するというものであった。熊の形に切り抜いた手書きの新聞が同封されていて、その新聞の名前には「北極熊」とあった。熊はドイツ語でBärベーアといい、「大柄で無骨なやつ」の意味もある。熊はベルリン市の紋章にもなっていて、ドイツ文化にとって親しみ深いものである。

当日、ドルパト大学出身の若者たちは、ベーアをはじめとして、ドイツの各地からイェーナに集まった。6章で出てきた、パンダーもそのうちのひとりである。当時パンダーは、ベルリン大学からゲッティンゲン大学に移っていたが、そこからやって来たのだ。

この冗談めいた「会議」には、ドイツ解放戦争後の青年たちの興奮が反映している。当時、解放戦争から帰還したばかりのドイツの学生（義勇兵）たちは、愛国心にあふれ、祖国統一と思想の自由を求めて、会議や集会をよく開催していた。酒を痛飲し、決闘も盛んだったことだろう。翌年の一八一七年には、「ヴァルトブルクの火祭り」という全ドイツ学生集会が開かれる。すべてはナポレオン軍の侵略からはじまったことなので、その後のドイツの愛国主義は、フランスへの反感を含みながら成長してゆくことになる。

しかしベーアたちは「ロシアから来たドイツ人学生」だったから、政治的な関心はほとんどなかった。むしろ、楽しくこの同窓会で語り合い、近郊を散策し、晩には一緒にビールを飲むのだった。

ベーアはヴュルツブルクの様子をパンダーに熱く語った。ベーアは、たぐいまれなる師匠とその回りの自然研究者たちについて話し、この「研究クラブ」にパンダーも是非加わるように勧めた。パンダーは、自然研究（生物学）を強く志向していたので、この話に興味をもった。

パンダーは、一八一六年五月はじめに、ゲッティンゲンからヴュルツブルクに到着した。その後まもなく、デリンガーと若者たちは、パンダーをつれてヴュルツブルク南東のジッカーズハウゼンまで約二時間のハイキングに出かけた。五月はドイツで最も美しい季節である。

当時、ジッカーズハウゼンには、ネース・エーゼンベック（Christian Gottfried Daniel Nees von Esenbeck: 1776–1858）という優れた医師・自然誌学者（菌類や昆虫などを研究）が住んでいた。彼はデリンガーより六歳ほど若いが、後年、ドイツ自然科学アカデミー（レオポルディーナ）の会長になる人である。その妻も、知的で愛情深い人であった。デリンガーもベーアたちも、この家庭を訪ねるのを楽しみにしていた。そこでは、ウィットに満ちた知的な会話がかわされるのが常であった。


徒歩旅行の最中、小さな橋を渡っていた時、デリンガーがまわりの青年たちに話しかけた。

「誰か、ニワトリの雛（ひな）の発生をきちんと研究してみないか？」

「体がどのようにして出現して来るのか、解剖学者の誰もが知りたがっている」。

デリンガーはつけ加えて言った。

「この研究は、新しい世界を切り開く、重要な結果をもたらすはずだ」。

パンダーは、この提案に強い魅力を感じた。ベーアも、この研究にひどく惹きつけられたのだが、残念なことに、ヴュルツブルクから離れる予定が数ヶ月後にせまっていた。

ジッカーズハウゼンに着くと、一行は、エーゼンベックも含めてこの企画をあれこれと検討し、確固たる研究計画に練り上げ、パンダーがこの研究にあたることになった。

なぜニワトリの雛の発生なのか？

ニワトリの受精卵が入手しやすいことはもちろんのことだが、実のところ、デリンガーたちの研究企画には、それに先行するものがあった。

一八一六年から五〇年以上も前に、カスパー・ヴォルフ（Casper Friedrich Wolff: 1733–1794）という医師がプロイセンにいた。一七五九年には、彼は著書『発生論』を発表していた。彼の研究は、植物や雛の発生をあつかったもので、未分化な組織から体の諸器官が形成されてくるという結果をしめしていた。しかし彼の研究は、付属していた図が分かりにくい上にラテン語ということもあって、ほとんど忘れ去られていた。

それを一八一二年にヨハン・メッケル（Johan Friedrich Meckel: 1781–1833）という医師・自然誌学者がドイツ語に訳し、当時のドイツの自然誌学者の間では評判になっていたのである。もちろん、デリンガーもエーゼンベックもこれを読み、さらに詳細で正確な雛の発生の様子を知りたがっていた。

練り上げられた計画では、多額の研究費が必要とされた。

まずは材料となるニワトリの受精卵を多数、そして最近発明されたばかりの孵卵器（恒温器）を購入しなければならない。その上この研究では、雛の発生をきちんと記載するために、正確な図像が必要不可欠であった。写真技術は当時知られていなかったので、プロによる「銅版画（エングレーヴィング）」を添えることが望ましい。そのためには、熟達した銅版職人を一定期間雇用する必要があった。

昔も今も、研究には閑暇（時間）が絶対に必要であるが、お金も、ないよりは、ある方が望ましい。第一にベーアと違い、パンダーの家は裕福だったので、彼はこれらすべての費用を負担することに同意した。

は研究を進めるためであるが、第二にはその研究成果を残すための著書や論文を出版するためである。本の出版には、高額な費用がかかる。洋の東西を問わず、多くの場合、貧しい庶民によってではなく（ファーブルのような例外もあるが）、王侯貴族や富裕な医師によって学問が進められたのは、この理由による。

デジタル画像を多用している現代人には、解剖図に関する当時の学者の苦労は想像もつかないことだろう。形態に関わる研究論文には、正確でしかも理解しやすい図像が本質的に必要不可欠である。ヘッケルのようにすばらしい美術的天分に恵まれた者は例外として、多くの研究者はこれに苦慮した。理解しやすい図版が論文にないと、ヴォルフの場合のように、せっかく苦労して得た良い研究も評価されなくなってしまうのだ。そこで多くの場合、学者はプロの画家を多額の費用で雇い、自分の監督下で絵を描かせていた。

デリンガーが推薦した画家は、（現）イタリア生まれのダルトン（Eduard Joseph D'Alton: 1772–1840）という銅版画家であった。当時、彼はウマの解剖図の銅版画によって有名になりつつあった。その後ダルトンは、パンダーと一緒にヨーロッパ各地を旅行し、多くの共同の仕事を残すことになる。

このようにして、一八一六年の六月中旬頃から、パンダーの研究が始まった。

デリンガーはすでに、受精卵の取り扱い方について独自に工夫していた。まず、気室を上にして卵の殻をトントンとたたかなくてはならない。こうすると、卵黄が底の方に沈み、胚が表面中央に浮ぶ。次いで、胚の真上の卵殻をそっとはがし、胚が見えるようにする。そして胚を卵黄ごと、水を入れた別の容器に注意しながら移す。最後に、胚とそれを包む膜を注意深く切り出し、水に浮かべ、顕微鏡の下にもって来る。

パンダーは、デリンガーの家に泊まりこみ、ニワトリ胚の変化を毎日観察し、デリンガーと議論し、その結果をダルトンが図像にした。

彼らは、エーゼンベックの私宅にもたびたび出かけ、研究結果について議論した。当時、デリンガーは働き盛りの四六歳、エーゼンベックは四〇歳、そしてパンダーは二二歳だった。まさにベーアの言う、「年長の学問のベテランと、熱意に燃える青年のつくる研究クラブ」が絶大な威力を発揮し、研究は順調に進んだ。

ベーアも、この研究のはじまりの頃には関わっていたのだが、自分自身の比較解剖学研究と人体解剖学実習に忙しくなり、手をひいてしまった。しかし、この発生研究に関する一連の出来事は、エーゼンベック夫妻との交遊を含めて、ベーアの青春時代の幸福で楽しい記憶となった。

パンダーの研究によって重要な事実が明らかになった。

胚には、膜状のものがいく種類も複雑に入り組んで付属している(図1AとB)。これらの膜系は胚膜と総称されるが、例えばそのうちのひとつに羊膜(ようまく)という膜がある。羊膜を胚体の方にたどって行くと、胚の背側の

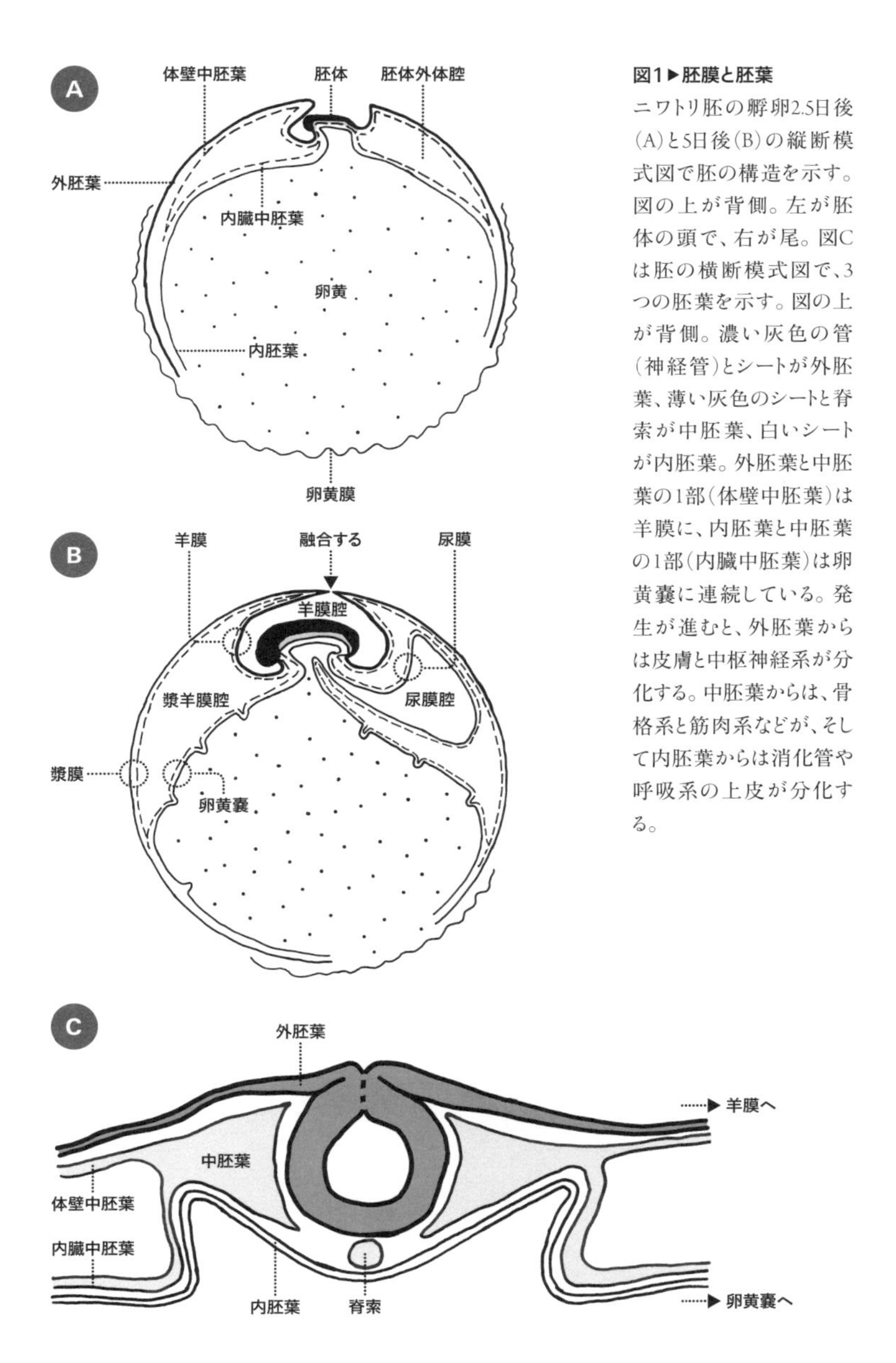

図1▶胚膜と胚葉

ニワトリ胚の孵卵2.5日後(A)と5日後(B)の縦断模式図で胚の構造を示す。図の上が背側。左が胚体の頭で、右が尾。図Cは胚の横断模式図で、3つの胚葉を示す。図の上が背側。濃い灰色の管(神経管)とシートが外胚葉、薄い灰色のシートと脊索が中胚葉、白いシートが内胚葉。外胚葉と中胚葉の1部(体壁中胚葉)は羊膜に、内胚葉と中胚葉の1部(内臓中胚葉)は卵黄嚢に連続している。発生が進むと、外胚葉からは皮膚と中枢神経系が分化する。中胚葉からは、骨格系と筋肉系などが、そして内胚葉からは消化管や呼吸系の上皮が分化する。

シート状組織に連続する（図1C）。今度は、卵黄を包んでいる胚膜（卵黄嚢）をたどって行くと、胚の腹側（内臓側）のシート状組織に連続する（同図）。つまり胚の身体自身もまた、胚膜よりは多少厚いものの、シート状組織で構成されているのだ。

このような観察から、胚の身体はいくつかのシート状の構造物、つまり現代の用語でいう胚葉、によって構成されていることが確認された。パンダーはこのシート状組織のことをKeimblatt（胚葉）あるいはKeimhaut（胚皮）と呼んだ。後に出てくるように（11章）、ベーアもまた数年後にニワトリの発生を研究することになる。ベーアは、このシート状の構造をPlatte（板）またはSchicht（層）と呼んだ。

さらに重要なのは、ある特定のシート状組織からは、後になって特定の構造が分化・発生してくることである。つまり、未分化な胚のシート状組織から、徐々に成体の構造が現れてくる。このようにして、発生学における現代的な概念（胚葉説）が生まれてきた。パンダーやベーアが特定した胚葉は、現代的な意味での「外胚葉、中胚葉、そして内胚葉」そのものとは完全には一致してない。しかし重要なのは、「初期の胚体は、単純で未分化なシート状組織から構成されている」という事実である。

なぜ重要かと言えば、このことが発生に関する近代的概念を確立したからだ。発生という現象については、古くから二つの学説が長い間対立していた。一つは、「前成説」といい、「精子あるいは卵の中に、完全な成体の構造がすでに存在していて、発生というのはそれらが現れてくる過程に過ぎない」とする説である。一方、これに反対する「後成説」という学説があった。「後成説」では「形のないものから、次第に複雑な形態が発生の過程で生じる」とする。パンダーの研究結果は、「前成説」を却下し、「後成説」を支持するものである。その前のヴォルフの研究結果もまた「後成説」を支持するものであった。

胚葉説の提案者としては、歴史的にはパンダーとベーアが一般にあげられる。しかし実際には、胚葉説はヴォルフ、パンダー、ベーア、そしてレマーク（Robert Remak: 1815–1865）といった幾世代にもわたる研究者たちによって次第に整理されて確立されてきたものである。ニワトリ胚の発生という自然的事実もまた、生物の複雑性のために、ある世代の一人の人間の観察では十分正確に捉えきれるようなものではなかった。

参考文献

von Baer, KE: Über Entwickelungsgeschichte der Thiere: Beobachtung und Reflexion. Bornträger, Königsberg, 1828, 1837.

Schmit S: Pander, d'Alton and the Representation of Epigenesis, in Graphing Genes, Cells, and Embryos, Eds. S. Brauckmann, C. Brandt, D. Thieffry, and G.D. Müller, Max Planck Institute for the History of Science, Preprint 380, pp. 33–36, 2009.

潮木守一『ドイツの大学』（講談社学術文庫 講談社 1992）

チャールズ・シンガー『生物学の歴史』（西村顯治訳 時空出版 1999）

エルンスト・ヘッケル『生物の驚異的な形』（小畠郁生監修、戸田裕之訳 河出書房新社 2009）

第09章 ベルリン大学と帰郷

一八一六年の九月の終わり、恩師のデリンガーとパンダーなどの親しい仲間たちに別れを告げ、ベーアはヴュルツブルクを離れた。

ほぼ一年間の、本当に稔り多い修業期間であった。

修業予定三年間の残りの一年は、ベルリン大学で臨床医学を修めるつもりである。

ベルリンはヴュルツブルクから直線距離で約四〇〇キロメートル北東の都市である。途中にはイェーナやライプチヒがある（地図1参照）。東京から北東に四〇〇キロメートルと言えば、岩手県花巻までになる。

当時の陸上の交通手段は、通常は駅馬車であった（ドイツの鉄道は一八三五年に開業）。しかし彼は、ひとりの友人と連れ立って、大好きな徒歩旅行をすることにした。十日間余の日程である。ベーアは、徒歩旅行のもたらす独立精神、いつでも好きな所に立ち寄れる自由さ、そして思いがけない人々との出会いをつねに賞賛していた。

体育的活動に対してのドイツ人の国民的嗜好もあったろう。どういう訳か、サッカーやゴルフなどの球技は英国で発達したのだが、体操や自然に親しむ徒歩旅行はドイツで発達した。ずっと後のことになるが、野外活動の一種、ワンダーフォーゲル（「渡り鳥」）は、ドイツのカール・フィッシャー（K. Fischer: 1881–1941）によって創設されている。

スリムで金髪のベーアと太った黒髪の友人の二人組は、すばらしい秋の気候の中、徒歩旅行に出発した。しかし途中から雨になり、全身泥だらけになってアナベルクという街にようやく到着した。ところが、市の門番は二人を不審気に扱い、市長の尋問を受けることに固執する。市長に旅券（当時のドイツでは、別の領邦国に出入りするたびに旅券が必要だった）を示し、自分たちのことを説明した後に、疑念はようやく晴れた。実は、数日前に二人組の駅馬車強盗が近隣に現れ、ある公爵夫人が被害を受けていたのである。その手配書の人相は、ベーアとその友人の様子にそっくりであった。

旅行も終わりに近づいた頃、その日が三年前に「諸国民の戦い」が行われた当日であることに突然気づいた。ドイツ諸国のフランスからの解放にとって、これほど重要な戦争はなかった。旅費は乏しくなっていたが、無理してライプチヒの古戦場に強行軍した。立派な記念碑でも建っているのかと思っていたところ、仰天したことに、今にも倒れそうな木の十字架があるのみであった（註：諸国民戦争記念碑）。

ベーアはベルリンに到着すると、多すぎるぐらいの課目を履修し、医学修業に励んだ。

その中のひとつは、ヴォルファルト教授による「動物磁気」を用いた治療法であった。「動物磁気」説とは、一八世紀にメスメル（F.A. Mesmer: 1734–1815）というドイツの医師・錬金術師が提唱したものである。メスメルによると、人体は「動物磁気（宇宙に充満している流体の一種だという）」の影響下にあり、この磁気の体内での不均衡によって病気が生じる。メスメルは、前章に出てきたヴォルフと同時代の人物で、一歳だけ彼より若い。メスメルは、ウィーンとパリで多数の病人を治療して、評判を高めた。モーツァルト一家も彼の治療を受けたという。彼の説の真偽については激しい論争が生じていたが、この学説と実践から、後の時代に催眠術が生まれてくる。

ヴォルファルト教授は最晩年のメスメルと親交を持っていた。ベーアは半信半疑ながらも、ヴォルファルトの講義を受け、治療の様子も見学させてもらった。患者たちは直径三メートルもある大きな桶の周りに座り、桶から突き出ている金属棒を手でなでつけていた。こうすると、「動物磁気」を帯びるとされていた。ベーアは、幾つかの出版物も熱心に読んだ。

「動物磁気」は神経系に影響するという。彼は「動物磁気」の作用を明確にしたいと熱烈に願うあまり、彼自身の神経系が一時期「磁気を帯びた」ようになった。彼は自分自身の毎晩の夢に熱中した。その頃、彼は普段よりもっと生き生きとした夢を見、夢の中で心の核心に触れるようなフルートの演奏を聴いたという。このすばらしい音楽は、目覚めてからも思い出すことができた。

しかしベーアは、ヴォルファルト教授の考え方や講義内容には満足できなかった。科学的証拠が極端に少ないため、彼の好みには合わなかったのだ。結局彼は、「動物磁気」学説を信用できなかった。

さらに現実的に重要なことは、この時期の前後に就職の話が急に出てきたことである。彼は、ドイツ各地に散らばっている仲間たちのみならず、大学時代の恩師とも音信を絶やさなかった。そのうちの一人がドルパド大学で出会い、今はケーニヒスベルク大学にいるブルダッハであった。

ブルダッハ教授は、プロイセン王国からの信頼を篤く受けていた。話はさかのぼるが、彼は一八一六年一月に、大学に王立解剖学研究所を新たに創設する責任者となっていたのである。研究所の建物はすでにできてきたが、問題はスタッフ不足だった。

彼はヴュルツブルクにいたベーアに手紙をよせ、「誰か、ふさわしい若い解剖士の候補者を知らないか?」と尋ねてきた。年俸三〇〇ターラーの他、暖房の効いた良く整備された住居が無料で提供できるという。当時、ドイツの学生が一年間に要する生活費が約三〇〇ターラーとされているので、この俸給は高給とはほど遠い。

ベーアは、ヴュルツブルク大学のヘッセルバッハ老教授の息子を推薦した。彼は父親とともに人体解剖学実習を担当し、解剖学に熱意をもっていたからである。若いヘッセルバッハ本人もこの就職話に同意して、ことは順調に進んでいた。そのままであれば、ベーアはベルリンで翌年夏まで修業を続け、その後エストニアに帰郷して、開業医になっていたかもしれない。

ところが運命とは分からないものだ。六月に、突然のように、老ヘッセルバッハが亡くなったのである。若いヘッセルバッハは、ケーニヒスベルク大学に行くよりは、ヴュルツブルク大学で亡き父の地位を継ぐことを望んだ。当時、バイエルン王国は新興のプロイセン王国より文化的な国柄であり、ヴュルツブルク大学はドイツ医学の名門であった。若いヘッセルバッハは、ブルダッハからの申し出を拒絶した。

一八一六年の八月二四日にベーアは、ブルダッハからの真心のこもった手紙を受け取った。そこには、「もし君が臨床医になるつもりなら、あきらめるけれども、もし自然研究に興味があるならば、この地位を受けないか？」とあった。

ベーアには、すぐには決断がつかなかった。帰郷して、医師を開業する気持ちもあった。もし臨床医になれば、しかし、比較解剖学などの自然研究はこれから一生できなくなるだろう。それにしても、プロイセン王国という異国での貧しい学者生活は、将来どのようなものになるのだろうか……。ベーアとしては、あいまいな返事を送るしか、他にはなかった。

ところがブルダッハは、ベーアのベルリンでの医学修業を考慮し、親切にも翌年の復活祭（春）までは最終的な返事を待ってくれるという。

ベーアは、一〇月からベルリンでの医学研修を続けながら、この話について考えをめぐらした。結局彼は、ケーニヒスベルク大学の解剖士として、何年間になるかは分からないが、ブルダッハとともに好きな自然研究（基礎医学としての比較解剖学）に打ち込んでみることにした。

両親にも手紙を書いた。両親は、熱意をもってではないにしても、この就職話に同意してくれたので、ベーアもようやく最終的に決断した。すでに一二月になっていた。

その決断の手紙をブルダッハに送ると、彼も非常に喜んでくれた。

ブルダッハは、さっそくいくつかの準備仕事をベーアに依頼してきた。そのうちのひとつは、ハレ大学の教授が収集していた解剖学用の標本を購入してケーニヒスベルクに移すことであった。この整形外科の教授は亡くなってしまったのだが、その後に、すばらしい標本群が残されていたのである。

ハレはベルリンの近くの都市である。クリスマス休暇を利用して、何回か通っているうちに、この大学で解剖学や病理学などの教授をしていた、前出のメッケルと個人的に親しくなった。

メッケル教授はヴォルフの著書をドイツ語に訳したほか、自分自身でも発生学の研究を熱心に進めていた。現在でも、彼の名前を冠した、「メッケル軟骨(第一咽頭弓の下顎突起のこと)」とか、腸管の「メッケル憩室(卵黄腸管の一部が残存したもの)」などが有名である。彼はまた、珍しい卵生の哺乳類であるカモノハシについても研究した。

翌年(1817)の四月、ベーアは郵便馬車に便乗してベルリンからケーニヒスベルクに向かった。ベルリンから北東へ約五四〇キロメートルの距離で、馬車でたっぷり一週間かかる旅程であった。

ケーニヒスベルクに到着後、ブルダッハをはじめ、これから同僚となる人々に着任のあいさつをし、住居などの環境を整えた。この最初のケーニヒスベルク滞在は非常に短いものであった。

その後すぐ一八一七年五月、彼はさらに北東約五四〇キロメートルのエストニアに帰郷し、二ヶ月ほど滞在した。ほぼ三年ぶりに父母と再会することができた。二五歳の青年学者に成長したベーアを見て、父母はどんなに頼もしく、また嬉しく思っただろう。『自伝』では、「故郷への別れ」という短い一章に、この時のことを記している。長く暗い冬があけ、今やエストニアは春を迎えていた。北国の人間にとって、春という季節ほど待ち遠しく喜ばしいものはない。花々がいっせいに咲き誇り、美しい限りである。兄のルードヴィヒの結婚式にも出席した。

ベーアは、友人や先生との絆と同様、両親をはじめ、伯父夫妻や兄弟姉妹と互いに強い愛情で結ばれていた。皆、彼が故郷を離れるのは一時的なことで、いずれはここに戻ってくるはずだ、と口々に言うのだった。彼自身の気持ちにも、強いものがあった。いずれは、この地か、あるいは近在に職を得たいものだ！

しかしむろん、ベーアもどんな将来が彼を待っているか、私たちと同様、知るよしもないのだった。現実には、彼が故郷に永住することは、その後何十年もなかった。

彼の愛する母は、この三年後（1820）に亡くなり、頑健だった父も一八二四年に病に倒れた。病気になった父をベーアはケーニヒスベルクに迎え、治療をつくしたのだが、彼はその翌年に亡くなった。

参考文献

ジャン・チュイリエ『眠りの魔術師メスマー』(高橋純・高橋百代訳 工作舎 1992)
チャールズ・シンガー『生物学の歴史』(西村顕治訳 時空出版 1999)
潮木守一『ドイツの大学』(講談社学術文庫 講談社 1992)
J.Langman『人体発生学』第四版(沢野十蔵訳 医歯薬出版 1982)

9章註●諸国民戦争記念碑

その後、木の十字架に代わって小さな石碑が立てられた。愛国心が高まった第一次世界大戦直前の一九一三年には、戦勝百年を祝って巨大な記念碑(諸国民戦争記念碑)が建てられた。

第10章 ケーニヒスベルク大学――はじめの数年間

ベーアは結局、ケーニヒスベルク大学に一八一七年から一八三四年までの間、つまり二五歳から四二歳になるまで、都合一七年間にわたって奉職することになる。彼の発生学上の主要な仕事はここで行われた。

彼はこの地で家庭も築いた。一八二〇年にアオグステ・フォン・メーデムというケーニヒスベルクの貴族家系の女性と結婚し、すぐに子供たちに恵まれた。初期の頃に四人の息子（長男は少年の頃に亡くなる）、長女、そして最後に一八二九年に五番目の息子。


そこで、このプロイセンという国について紹介しておこう。後年、明治日本がその国制や軍制をモデルとするようになる国でもある。

プロイセンという名は、もともとはバルト海沿いの一地域に住んでいた先住民族の名前に由来する。彼らを征服した北方十字軍の修道騎士たちは、自分たちの国の名前にそれを借用した（2章を参照）。

この修道騎士団国家は、一六世紀に世俗国家「プロイセン公国」になったのだが、初代プロイセン公は、たまたまホーエンツォレルン家という南ドイツの領邦君主の一族のひとりであった。このようにして、まったくの歴史の偶然から、プロイセンという国はホーエンツォレルン家と結びつくようになった。

一方、南ドイツのホーエンツォレルン家は、一五世紀にベルリンを含む北西ドイツのブランデンブルクを領有し、一七世紀になると、前述の血縁関係から東プロイセンの主権を獲得した。一七〇一年に、ホーエンツォレルン家のフリードリヒ一世は、ケーニヒスベルクで初代のプロイセン国王となった。その後のプロイセン王国は、ドイツの諸領邦国のひとつとして発展していった。初代から三代目にあたるのが、有名なフリードリヒ大王（Friedrich II: 1712–1786）である。彼は、啓蒙君主にして音楽家かつ文化人であり、フランスの思想家ヴォルテール（Voltaire: 1694–1778）とも交流をもった。

プロイセン王国は、領有地が大きく変動し続けたために、バイエルン王国のような「民族と地域の伝統」に根ざした国というよりは、人工的な国であった。プロイセンの特色は、何よりも官僚制の軍事国家という点にある。軍事力増強のために人口増加に熱心で、民族や宗教を問わず移民を歓迎した。フランスでローマ・カトリックから迫害を受けていたプロテスタント（ユグノー）は、喜んで受け入れられた。ローマ・カトリックのポーランド人もユダヤ教のユダヤ人も、問題なくプロイセン国民の一員となった。プロイセン王国は、基本的にはドイツ人のプロテスタントの国ではあったが、宗教と民族には寛容であった。

ベーアの暮らした時代のプロイセン王国は、フリードリヒ大王の二代後のフリードリヒ・ヴィルヘルム三世（王位：1797–1840）によって統治されていた。この時代のプロイセンは、対フランス戦争（解放戦争）の勝利によって、初めてヨーロッパの五大国（イギリス、フランス、ロシア、オーストリア、そしてプロイセン）のひとつとなっていた。一八一五年から一八四八年までの約三〇年間は、いわゆる「神聖同盟（ウィーン体制）」のもとでの、戦争のない時代であった。神聖同盟というのは、ロシア（オーソドックス）、オーストリア（ローマ・カトリック）、そしてプロイセン（プロテスタント）による、汎キリスト教的な列国君主間の盟約である。革命勢力に対しては反動的ではあったが、この平和の時代、プロイセンは経済的にも、文化的にも発展した（註：プロイセンのその後）。

ケーニヒスベルク（現在はロシア領の飛び地、カリーニングラードになっている）は、当時人口約七万人の中都市で、バルト海に面している。この街は、プロイセンの宮廷が置かれた時期もあったけれども、首都のベルリンから見れば、ロシアに近い辺境の地にすぎない。しかし一五四四年、プロイセン公国の時代に、すでにケーニヒスベルク大学は設立されていた。

この大学の著名人と言えば、一八世紀の哲学者カントであろう。彼はこの地で生まれ、この大学で学び、哲学の教授および総長となり、一八〇四年にここで逝去した。

ベーアは一八一七年の八月から、本格的な勤務についた。解剖士として医学生たちに人体解剖学実習を教育指導し、そして講師としては解剖学の講義を行うのである。

彼は、ヴュルツブルク大学とベルリン大学で人体解剖学実習の研鑽を積んできたので、両者の良い点を折衷して医学生を指導するようにした。講義では、人体のみならず、家畜の哺乳類についても話した。現代の解剖学教育では考えられないことだが、無脊椎動物の体の詳細な構造についても講義した。彼の講義にはブルダッハなどの年長の学者たちも出席して、新知識をノートするようになった。

示説用の標本を作成するために、多くの動物も解剖した。ナマコ、ヒトデなどの無脊椎動物から、チョウザメ、ヘラジカ、オーロックス（ヨーロッパ原産の野牛）などの脊椎動物まで、広範囲におよぶ。ベーアは、ヴュルツブルク以来の経験を通じて、さまざまな動物の内部構造を良く知るようになっていた。彼は、医学生に動物学を系統的に教育するにあたり、どうしても「動物の構造の一般論」というものを考えざるを得なくなった。

個々の動物の詳細な内部構造も重要だが、それらを通じて一般的原則を考えることも、さらに大事なことである。この一般化にあたって彼は、ゲーテとは逆に、サンチレールの思弁的方法をしりぞけ、キュヴィエの実証的方法を断固として支持した。

当時キュヴィエは、象や爬虫類の断片的な化石骨の研究から出発し、絶滅した動物の構造までも復元していた。いわゆる「古生物学」が彼によって始められていたのである。ただし、彼は「種の固定不変」を深く信じていたので、これらの化石種は数千年前の一連の「天変地異」によって絶滅したものだと解釈していた。ベーアがケーニヒスベルクに来た丁度その年に、キュヴィエの代表的著作、『動物界』の初版が出版された。これは、リンネ以来の最も包括的な生物学の書物である。

この著書でキュヴィエは、全動物界を四つの大分類群（embranchement）に大別した（脊椎動物、貝などの軟体動物、節足動物などの関節動物、そして残り全部を含めた放射動物）。この大分類群というのは、おおよそのところ現在の動物門に相当している。

ベーアも、あくまでも自分自身の経験からであるが、キュヴィエのそれと類似した動物の大分類群を考えるようになった。彼は、動物門に相当するものを「動物の型（Typus）」とよんだ。彼の「動物の型（タイプ）」は、キュヴィエのそれと同じく四種類で、脊椎動物、細長い型（分節動物）、どっしり型（軟体動物など）、そして辺縁型（クラゲなど）である（13章でも述べる）。

一八一七年から初めの二年間は、教育義務を果たすために、研究する時間がまったくなかった。ようやく研究らしいことをはじめたのは、ある程度大学の生活に慣れた、一八一九年になってからであった。これについては、重要なことなので、次章で改めてお話しすることにしよう。

もうひとつ、一八一九年から、この地でベーアがはじめた新しい領域があった。それは、アカデミックな活動とはやや離れたことであったが、彼はこれを楽しみながら行った。

ケーニヒスベルクにデネベック夫人という人がいて、彼女は外国からさまざまな動物を輸入して集め、一種の見せ物小屋を開業していた。現代的な動物園は一八二八年に英国ロンドンに初めて創設されるが、いわば、プロイセンにおける先駆けた私設動物園である。ベーアはこの私設動物園を何回か訪問し、そこにいる動物たちについての科学的な解説記事を新聞に発表するようになった。ベーアには、詩作をするような趣味もあったから、彼の生き生きとした公衆向けの文章は評判が良かった。

デネベック夫人も、自分の施設の宣伝になるので、彼をありがたく思うようになった。しまいには、彼はこの動物園のパトロンのような立場になった。珍しい動物が死んだ時には、彼に連絡が行って、彼の比較解剖学の研究材料になるのだった。

ベーアは文章を書くのが好きだったので、その後も新聞への寄稿を通じて一般公衆にたびたび語りかけるようになった。

同じ頃、思わぬところから昇任の話がもちあがってきた。

シュヴァイガー教授という年配の植物学者が大学に在職していた。彼はケーニヒスベルク大学に壮大な植物園を創設し、植物学を研究・教授していた。彼はまた、海洋生物、特にサンゴ類の研究も行い、これらの動物に関する講義もしていた。彼はしかし、脊椎動物に関してはまったく経験がなかったので、これらの動物については講義ができなかった。

おそらく、彼は新聞記事によってベーアのことを知ったのであろう。退官近い彼は、「無脊椎動物であろうが、哺乳類であろうが、何でも解剖してしまう」ベーアに興味をもって近づいてきた。

シュヴァイガーは「君は、私から動物学の講義を引き継ぎ、この大学に動物学博物館を新たに創設したらどうか」と言うのだった。ベーアはこの提案をもちろん嬉しく受けとめた。しかし、その実現のための方策については、見当もつかなかった。

一方シュヴァイガーは、文部大臣であるフォン・アルテンシュタインと旧知の仲だったので、動物学の重要性を彼に説き、この提案の実現に努力を重ねた。フォン・アルテンシュタインという人は、プロイセン王国の初代の文部大臣となった政治家で、プロイセンの大学行政を自由に専断できる力があった。彼は、哲学者のヘーゲル（G. W. F. Hegel: 1770–1831）を破格の厚遇でベルリン大学に招聘した人物でもある。

シュヴァイガー教授の努力のおかげで、医学部とは独立の、動物学研究室がケーニヒスベルク大学で初めて設立されることになった。そしてベーアは、一八一九年、二七歳で動物学の助教授に指名された（公式の発令は一八二〇年）。

年俸は、三〇〇ターラーで、解剖士の三〇〇ターラーにさらに加算された。六〇〇ターラーと言えば、当時のギムナジウムの教師や牧師の俸給レベルである。高給ではないにしても、中流生活が可能な経済状況となる。ようやくベーアは、これからの学者生活に、ある程度の明るい見通しをもつことができるようになった。

参考文献

セバスチャン・ハフナー『図説プロイセンの歴史』(魚住昌良監訳・川口由起子訳 東洋書林 2000)
ピエール・ガスカール『探検博物学者　フンボルト』(沖田吉穂訳 白水社 1989)
チャールズ・シンガー『生物学の歴史』(西村顕治訳 時空出版 1999)
von Baer, KE: Über Entwickelungsgeschichte der Thiere: Beobachtung und Reflexion. Bornträger, Königsberg, 1828.
潮木守一『ドイツの大学』(講談社学術文庫 講談社 1922)

10章の註●プロイセンのその後

プロイセンは、一八四八年(ヨーロッパの三月革命)以降、栄光と悲惨の歴史をたどる。まずこの国は、ドイツ諸国のうちの最強の軍事国家として、ドイツ統一(1871)において中心的な役割を果たした。ドイツ統一は、一八七〇年から一八七一年にかけて行われた対フランス戦争(普仏戦争)の勝利の時点で行われた。当時のプロイセン国王ヴィルヘルム一世は、フランスに進駐し、占領したパリ近傍のヴェルサイユ宮殿にて統一ドイツ帝国の初代皇帝になったのである。明治日本がモデルとしたのは、この時代のプロイセン(ドイツ)である。その後プロイセン国家は、ひとつの地方(州)としてドイツ帝国の中に解消してゆく。ナポレオンの侵略、解放戦争、そして普仏戦争以来、ドイツとフランスは国民レベルで互いに憎悪するようになった。この状態は第一次世界大戦と第二次世界大戦まで続く。

第一次世界大戦でのドイツの敗北により、ホーエンツォレルン家の帝政は倒れた。さらに第二次世界大戦での敗北では、東プロイセン領がソ連軍(赤軍)によって占領され、その結果、ドイツの版図からプロイセンそのものが消滅してしまった。ドイツ系住民は逃亡し、殺され、あるいは追放された(他民族を排除する、いわゆる「民族浄化」)。ケーニヒスベルクにはロシア人が新たに入植し、都市の名前もカリーニングラードと改名され、現在にいたっている。

第11章 発生の研究

ベーアは、ケーニヒスベルクで本格的な発生の研究を始めることになる。

これは、パンダーの論文に触発されたためである。

一八一八年に、パンダーから雛の発生に関する彼の論文が二つ送られてきた。ひとつは彼の博士論文で、ラテン語で書かれていた。もうひとつは、ドイツ語の論文で、これにはダルトンの描いた美しい銅版画がついていた。

これらを読んで、ベーアは心が燃え上がる思いがした。

人間も動物も、解剖してみると分かる通り、それぞれの動物ごとに独特で複雑な体の構造をもっているのだが、この複雑な体がどのようにして出現してくるのか？

これこそが、解剖学における最も未知で重要な問題なのだ！　どうしても、発生というものを理解しなければならない。

しかし、講義や実習のために忙しかったので、すぐには研究に取りかかれなかった。一八一九年になってはじめて、雛の発生を調べる時間がとれた。

ベーアの偉いところは、たとえ親友と恩師の研究結果であろうとも、論文の内容をそのまま鵜呑みにはしなかったことである。動物の解剖を通じて（1章参照）、キュヴィエ流の実証主義が身についていたのだ。パンダーの研究内容をよくよく理解するためには、自分自身で雛の発生を実際に見なくてはならない。

この追試的な調査が始まるとすぐに、彼は「何か、おかしいな」と思うようになった。パンダーの記述と少し違う。8章の図（図1）のように、雛胚には幾つも胚膜が存在する。胚膜の重なり方は大変複雑なので、慎重に確認する必要がある。

この問題の解決のために、一八二〇年の夏から雛の発生の研究が本格的に進められた。ベーアは近眼だったが、その代わり、小さいものを近接して視る力に優れていた。特に左眼はよく働いた。よほど水晶体の調節能力にすぐれていたのだろう。ニワトリの卵全体は例外的なほど大きいものだが、発生中の胚そのものは長さ二～三ミリメートルの微小なものである。胚膜の様相はさらに細かい。

辛抱強い観察によって彼は、一八二三年までには、「雛の発生過程は、こうだ！」と自信をもって言える段階にまでに到達した（カラー図1と2）。パンダーは一年間足らずの研究によって彼の論文を執筆したのだが、ベーアはさらに年期を入れて、入念に雛の発生を調べたことになる。結局、使った受精卵は数千個に達した。

ベーアは雛の発生を調べるかたわら、これまでの発生学の長い歴史についても調査した。彼はラテン語に堪能だったので、アリストテレスのラテン語訳、アクアペンデンテのファブリキウス（Girolamo Fabrizio: 1537–1619）、ハーヴェイ（William Harvey: 1578–1657）、マルピーギ（Marcello Malpighi: 1628–1694）、そしてスワンメルダム（Jan Swannmerdam: 1637–1680）の著作を読んだ。

彼は、ヴォルフが約半世紀前に出版した論文も、何回もくり返して読んだ。ヴォルフについては第8章で簡単にふれたけれど、注意深い観察家で、現代でも「ヴォルフ体（中腎という腎臓の原基のひとつ）」などにその名を残している。ヴォルフは、「発生論」を出版してから数年後にロシア帝国のペテルブルク科学アカデミーに招かれ、そこで雛の腸の発生について一連の論文を発表していたのである。彼の論文は詳細すぎる記述に満ちているため、分かりにくいものであった。しかしベーアは、実際の発生過程を見ていたので、ヴォルフの記述がある程度正確であることが理解できた。

ヴォルフの研究への高評価とは対照的に、ファブリキウスの著作には呆れ果ててしまった。ファブリキウスは、発生の神秘に魅せられるあまり、「発生を進める卵の中の力」について空虚な言葉を書き連ねていた。ベーアは、自分の著作には、発生の正確な観察だけを分かりやすく書き、ファブリキウスのような空想的な解釈は決して入れないようにしよう、とかたく決意するのだった。

このようにして、自分自身の観察結果にもとづいて、ベーアは、胚膜の重なり方についてのパンダーの誤り、そしてヴォルフの論文の誤りを訂正することができた。それぞれの胚葉（ベーアの「板」あるいは「層」）から結局何が生じるかについても、明瞭な理解を得ることができた。

もうひとつ重大なことは、雛の胚に見える「細長いもの」の重要性に気づいたことである。これは、胚を横から見るとバイオリンの弦のように頭尾方向に細長く伸びている構造物である（カラー図1、中段の図）。横断面では、管状の脳脊髄（神経管）の下に小さな丸い構造として見える（カラー図1、下段の図）。これは、現代では脊索（notochord）として知られているものである。

脊索は、脊椎動物では胚の時期だけに見られる構造物で、後になるとその大部分は脊椎骨に置き換えられてしまう。しかし脊索は胚の重要な「中心軸」であり、発生においては、神経管を誘導するなどの特別な機能をもっている（註：脊索について）。

最初の頃ベーアは、これが何であるか分からなかった。パンダーも、この構造を観察してはいたものの、彼の論文の中で、間違って脊髄だとしていたからである。ベーアは何回も発生経過を調べて、これは脊髄ではなく、身体の中軸構造をつくるものだと判断するようになった。彼は、この細長いものを最初はWirbelsaite（脊椎弦）と呼び、後ではChorda dorsalis（背側索）あるいはChorda vertebralis（脊椎索）と呼ぶようになった。こうして彼は、脊索の最初の発見者となった。

雛の受精卵は入手しやすく、何回でもくり返して観察できるので、発生の全過程をよく見せてくれる。この発生には、美しい規則的な様式がある（カラー図2）。まず最初の段階では、胚は単純な一つの板状のものである（同図A）。よく見ると、この板状の構造物は、四～五類の層（胚葉）が積み重なって出来ている。次いでRückenplatte（背板）とBauchplatte（腹板）という二つの主要な板（現代の中胚葉に相当）が生じる（同図B）。その次に、この二つの板が8の字状になり、二つの板は脊索を中心にして背腹に並ぶようになる（同図C）。この時、今まで板状だったものがすべて管状の構造物に変換される（同図D）。そして、これらの管状物からあらゆる原初的器官が発生・分化するのだ（8の字構造は、私たちが横断した魚の切り身を見れば、容易に納得することができる）。ベーアは、8の字の上の部分全体を背管、下の部分全体を腹管と呼んだ。こうして、雛の体は左右対称的であるのみならず、背腹でもほぼ対称的になる。この意味から、雛（脊椎動物）は二重対称的に発生する「動物の型（タイプ）」である。

機能的に言うと、背管は動物性機能（神経活動や運動機能など）をもつ器官に分化し、腹管は植物性機能（栄養摂取や排泄・生殖機能など）をもつ器官に分化するものを含んでいる。

しかしベーアは、雛の発生を正確に観察するだけで満足することはなかった。無脊椎動物でも、脊椎動物でも、それぞれの「動物の型（タイプ）」の形態がどのように出現してくるのか？　これこそが、最も重要な問題である。ならば、たとえ困難があろうとも、できるだけ沢山の種類の動物の発生を調べなくてはならない。

これは、とてつもなく大きな計画である。

こうしてベーアは、あらゆる機会をつかまえては、クラゲ類、ヒトデ類、軟体動物類、甲殻類、両生類（カエルとサンショウウオ）、爬虫類（トカゲ）、そして哺乳類の発生を調べるようになった（魚類については、良い材料が入手できなかった）。

動物の卵が入手できるのは、春に限られる。そのため、北国の人間にとって珠玉のような春は、一年間の中で最も多忙な時期になった。

春になると、ケーニヒスベルクの街をぶらぶらしている少年に小遣いを与えて、トカゲを集めてもらった。この少年たちは、シャーロック・ホームズものに出てくる、「ベーカー街不正規兵」のプロイセン版のようなものであろうか。彼らによって集められたトカゲは、しっぽに糸をつけられ、束にして机の縁に打ちつけた釘につり下げられた。そのトカゲの束は、時には三〇にもおよんだ。

中でも哺乳類の発生は、ベーアを惹き付けた。医学にたずさわっているからには、当然のことであろう。哺乳類の調査研究には、主としてイヌが使われた。発生初期の胚を入手することは難しかったが、たまに、そのような胚が得られることがある。それをよくよく観察してみると、驚いたことに、雛やカエルの胚によく似ていた。胚膜の様子などの細部は異なるものの、大きな構造（胚葉や脊索）や発生の様式は大部分が同じである。脊椎動物という「動物の型（タイプ）」には、一定で共通の発生様式があるのだ。

参考文献

von Baer, KE: Über Entwickelungsgeschichte der Thiere: Beobachtung und Reflexion. Bornträger, Königsberg, 1828, 1837.

チャールズ・シンガー『生物学の歴史』（西村顯治訳 時空出版 1999）

J.Langman『人体発生学』第四版（沢野十蔵訳 医歯薬出版 1982）

11章の註●脊索について

脊索は、脊索動物門（脊椎動物の他に、ホヤやナメクジウオ等を含む動物グループ）に特有の構造物である。逆に言うと、脊索の存在は、ある動物が脊索動物であることの目印になる。

第12章 哺乳類の卵の発見

このようにして、プロイセンにおける彼の学究生活は稔り豊かな軌道に乗ってきた。一八二二年には、三〇歳の若さで動物学の正教授になった。一八二六年には、解剖学の正教授にもなった。年収は一四五〇ターラーに達した。これは、特別に富裕ではないにしても、生活上の心配がないレベルである。ちなみに、一八二〇年頃のゲーテの年収は三一〇〇ターラーで、裕福な銀行家なみであった。

ベーアの年収のうちのかなりの部分は、高価な書籍や学術雑誌の購入にあてられた。この時代、商業的学術出版社が発達していなかったので、メッケルやオーケンなどの有力な研究者は、自分自身で学術雑誌を定期的に有料で発行するようになっていた。

ケーニヒスベルク大学には立派な図書館があった。しかし、その図書館長は昔から言語学などの文科系の教授だったので、自然科学関係の図書購入は拒絶気味であった。そのため、ベーアは私費で本や雑誌を購入したのである。

彼の蔵書は次第に増え、しまいには自宅は「私設図書館」の様相を呈してきた。

青年期の後期から壮年期にかけて、彼が打ち込んだものには、三つある。そのうちの二つは、すでに紹介したように、動物の解剖と発生の研究である。解剖した動物は、ますます広範囲にわたり、イルカ、アザラシ、ラクダ、そして多様な無脊椎動物を含む。これらの標本は、ベーアが担当していた、動物学博物館の創設に一役かった。

その他に一つ、彼が打ち込んだ領域があった。医学生ではない人たちも含む、一般的な聴衆に対する自然人類学の講義である。

一般の人達が最も高い関心をもつ動物は、ヒルや雛などではない。何と言っても、他ならぬ人間自身である。ベーアは、人間の解剖学と生理学を公衆に語るようになったのだ。この講義は好評で、その内容は新聞や著書にも発表されるようになった。

自然人類学を通じて、彼は人種間の違いに関心をもった。彼は、キュヴィエと同じく、人種差は肉体的のみならず、精神的なものにも及んでいると考えていた（註：「人種」について）。

自然人類学への彼の関心は、人体そのものではなく、むしろ人間の精神に向かった。そのため彼は、7章に出てきた「ドイツの自然哲学」に再び近づくようになり、一時的ではあったが、オーケンの主要著作を徹底的に勉強した。

オーケンは、ベーアより一三歳年長で、デリンガーを通じての兄弟子にあたる。オーケンは、自分が創刊した雑誌『イージス（エジプト神話の女神イシスに由来）』に、着実で価値のある研究論文を約三〇年間発表し続けた医師・自然誌学者であった。その一方で彼は、「ドイツの自然哲学」の中心的人物でもあった。ゲーテも彼を強く支持していた。

オーケンは、人間は自然の頂点であり完成品であると考え、あらゆる動物は何らかの意味で人間の一部をあらわしているとした。例えば、動物は人間の感覚（五感）の一部のみを持っているとして、動物界を「触覚動物（無脊椎動物）」、「味覚動物（魚類）」、「嗅覚動物（爬虫類）」、「聴覚動物（鳥類）」、そして「すべての種類の感覚器官をもつ視覚動物（哺乳類）」に分類した。

筆者たち現代の生物学者には、オーケンの「自然哲学あるいは動物学」は理解しがたい。この哲学は、どうやら、「ひとつの法則によって全宇宙を究極的にとらえることができる」とするものらしい。ロマン主義は合理主義を否定したのだが、こと神秘的な生命現象に関しては、「高貴な精神」はそれを把握できるとしたようだ。この哲学においては、「自然的事実を確立する」ことよりもむしろ、「自然現象の解釈から全宇宙を把握すること」が重視されたように思える。もっと踏み込んで言うと、「ドイツのロマン主義」は世界を単に理性のみによって考察することに反逆するものであった。もっと深い知識や、聖なるものとの深い結びつきを求めたのである。トーマス・マン（1875–1955）によれば、これは、ドイツ詩の本質である「ドイツ的内面性」に強く関わるものである。

ベーアは、オーケンの著作から多くを学び、その宇宙論的な哲学に尊敬の念をいだいた。実際、ベーア自身も、生物界についての「深い抽象」を行ってみたい、という誘惑にかられた。しかし冷静に考えてみると、自分にはそのような能力はなく、せいぜい出来るのは、自然界から諸事実をこつこつと学び、その全体的な結果から「一般的な法則」を抽出することぐらいだろう、と思い直すのだった。

他方、発生学については、一八二三年までの雛での研究がひと段落した後も、辛抱強い仕事が何年間も続いていた。丹精を込めた労働は、今や、ひとつのピークを迎えようとしていた。それは、哺乳類の卵（＝卵子）の発見である。

その話に入る前に、哺乳類の初期発生についての当時の「常識」について、数言述べておかなければならない。

一八世紀のヨーロッパにおける知的巨人のひとりは、スイスの富裕な貴族のハラー（Albrecht von Haller: 1708–1777）である。彼は生物学・医学分野で莫大な業績を残した。そのうちのひとつが哺乳類の初期発生に関する研究である。

彼は、約四〇頭のヒツジを用い、交尾直後から、その後の胎内の変化を時間の経過を追って調査した。その結果、妊娠したヒツジでは卵巣のグラーフ卵胞が破裂していることを発見した（破裂したグラーフ卵胞は、その後黄体になる）（図2B）。グラーフ卵胞は、一七世紀の発見当時、誤って卵子とされていたものだが、最大で一～二センチメートルにも達する大きな袋で、現在ではグラーフ卵胞とよばれている。

肝腎の初期胚（受精卵）は、交尾直後にはどこにも見えず、交尾後一七日後になってはじめて子宮の中で見つかった。このことからハラーは、「破裂したグラーフ卵胞から液体が流れ出て、卵管を通って子宮に到達し、そこで粘液状に凝集して初期胚になるのだ」と結論した。

要するに、ヒトを含む哺乳類では、卵巣から出る液体が子宮内で凝集して初期胚(受精卵)が生じる。これが、ベーアもドルパト大学で学んだことのある「教科書的な常識」であった。

一八二六年ベーアは、イヌの胎内を調べている時に、直径一～三ミリメートルの、透明な初期胚(受精卵)を何回か見た。見つけた場所は、卵管が子宮に開口する場所の近くであった(図2A)。一八二七年になると、卵管そのものの中に似たようなものを見つけた。「教科書的な常識」では、初期胚(受精卵)が卵管の中にあるはずはないのだが……。

この卵管の中で見つけたものは、さらにもっと小さく、やや不透明な黄色のものだった。彼はさまざまな動物の卵を実際に見てきたので、この不透明さは卵黄によるものだと直覚した。この小さなものこそが、哺乳類の真性の卵(未受精の成熟卵)であることに疑いはない。哺乳類の卵は、教科書の教えることとは違って、卵巣から直接的に作られているのではないか。

これを確認するためには、未受精の成熟卵が存在する卵巣を調べなくてはならない。つまり、発情期に入っているけれど、まだ交尾していない雌イヌの卵巣を調べなくてはならない。

その考えをブルダッハに告げたのは、一八二七年の四月あるいは五月の始めのことである。偶然にもブルダッハは、まさにそのような雌イヌを家で飼っていたのであった。そのイヌは数日前から発情期に入ったばかりだった。二人はこのイヌを犠牲に供することにした。

ベーアはこのイヌを解剖して、その卵巣を調べた。卵巣の幾つかのグラーフ卵胞はすでに破裂していたが、まだ破れていないグラーフ卵胞もあった。その今にも破裂しそうなグラーフ卵胞のひとつを眺めているうちに、眼の良いベーアは、ひとつの小さな黄色い点のようなものがあることに気づいた。注意すると、他のグラーフ卵胞にも黄色の小さな点がある。よくよく見てみると、ほとんどのグラーフ卵胞に黄色の点が一個ずつ見えた。

「奇妙だ」、ベーアは独り言をもらした。一体これは何だろう……?

彼はひとつのグラーフ卵胞を選び、慎重にメスで切り開き、中の黄色の点を注意深くすくいとり、水を張った時計皿に移し、それを顕微鏡の下に置いた。

顕微鏡をのぞくやいなや、彼は稲妻にうたれたように飛び退いた。なぜなら、彼はそこに小さな黄色の卵黄のかたまり（卵細胞質）を見てしまったからである。

もう一回、勇気をふるって顕微鏡をのぞく前に、自分をリラックスさせる必要があった。何かの幻影のようなものにたぶらかされたのではないか、と恐れたのである。自分があまりにも期待し、望んでいたことが実際に現実化した時、彼はむしろ非常に恐れ驚いてしまった。再び顕微鏡をのぞいて、彼は、イヌの卵子がニワトリの卵に似ていることに改めて感嘆するのだった。

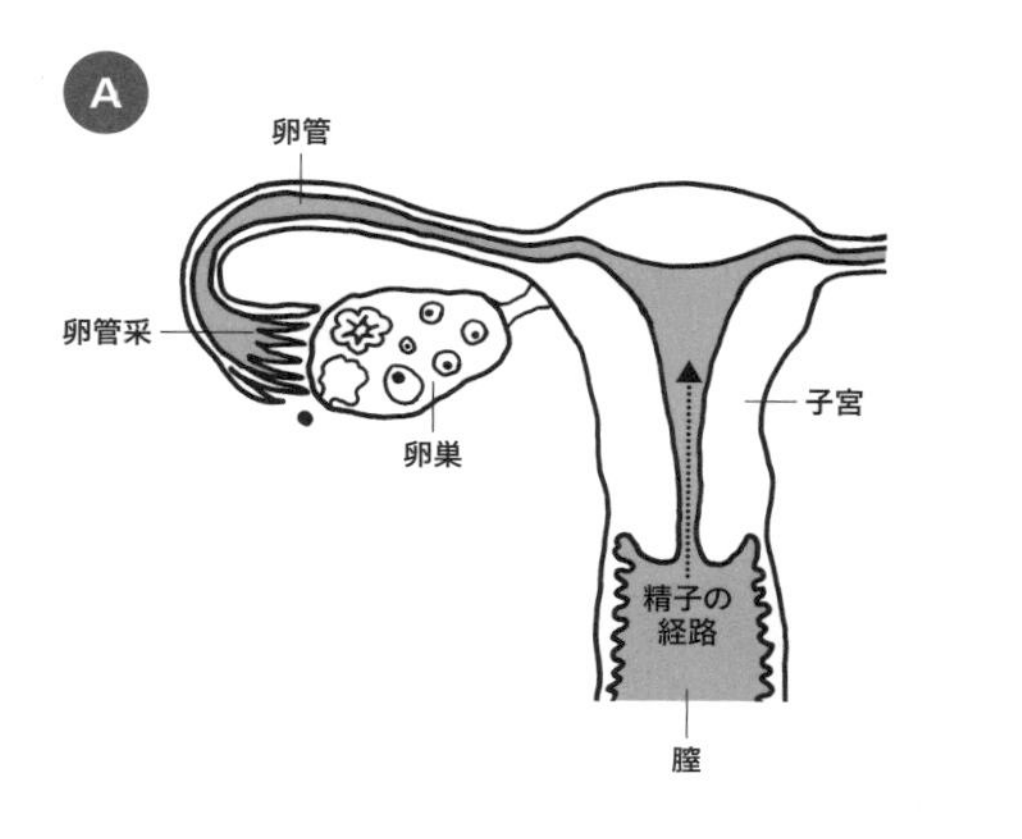

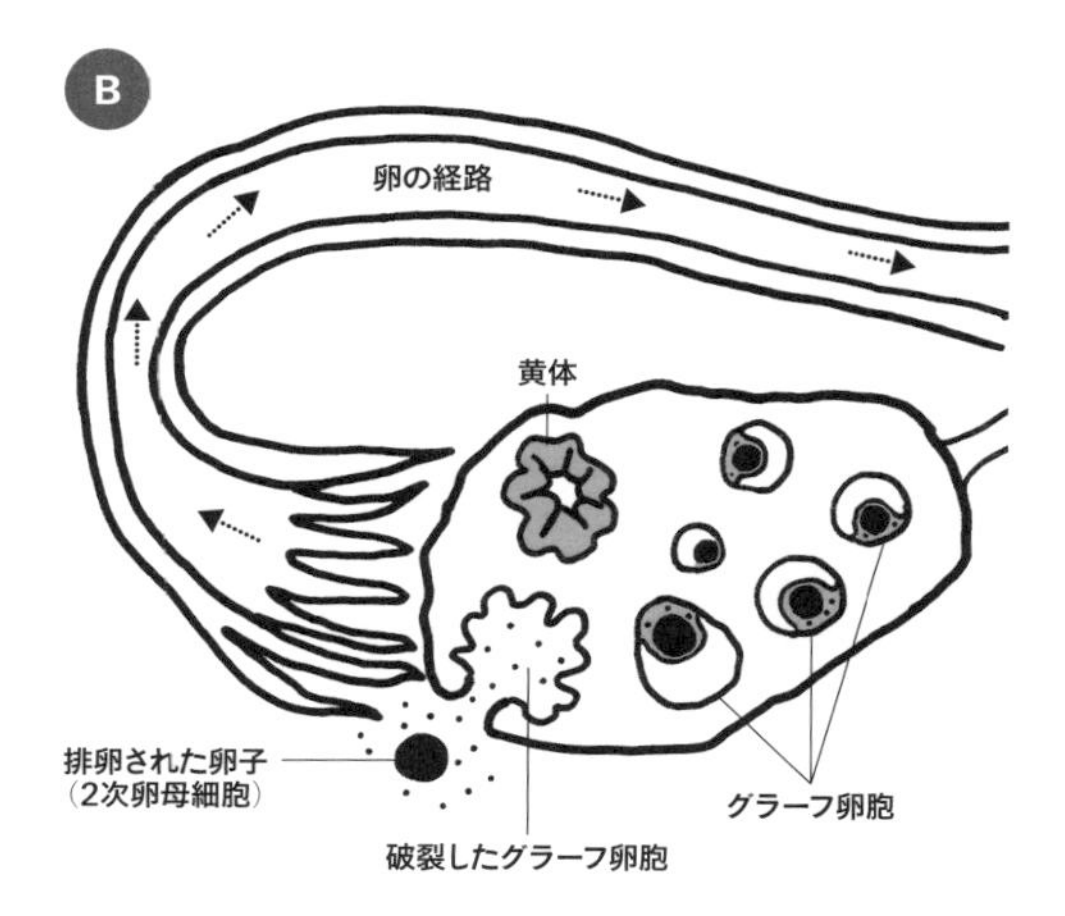

図2▶ヒトの子宮と卵巣

膣、子宮、卵管、そして卵巣(A)と卵巣の拡大図(B)を模式的に示す。卵巣には、袋状の多数のグラーフ卵胞があり、その中に卵細胞あるいは卵子(黒い丸)が見える(B)。排卵された成熟卵は、卵管采の働きによって卵管の中に取り込まれ、細い矢印の経路に沿って移動する(B)。射精後の精子は、太い矢印の方向に進む(A)。多くの場合、成熟卵は卵管の中で精子と出会い受精し、受精卵(初期胚)は子宮の内壁に着床する。

ベーアはブルダッハをその場におよび、彼にもこの観察結果を確認してもらった。哺乳類の卵子は、卵巣の成熟したグラーフ卵胞から直接的に生まれ(排卵され)、卵管を通って、子宮に到達するのだ！

ハラーは、ヒトなどの哺乳類だけは特別だとしていたが、そんなことはまったくない。無脊椎動物や魚から哺乳類に至るまで、あらゆる動物は共通して卵をもつ。そのことが初めて明確になった。こうして、動物の卵に関する、すっきりと首尾一貫した概念が歴史上初めて確立したのである。

この新発見に対する師弟二人の喜びと驚きは、いかばかりであったろう。

調査は、その後直ちに他の哺乳類にまで広げられた。

ヒトでも、卵巣のグラーフ卵胞を切り開いてみると、同じような卵子が見つかった。その後、ブタ、ヒツジ、ハリネズミ、そしてマウスの卵巣でも。

ただし、ヒトを含めて、これらの哺乳動物の卵子はすべて白っぽく、はなはだ識別しにくいものであった。ハラーがヒツジの卵子を見過ごしてしまったのも、無理もないことであった。

イヌの卵子は例外的に黄色味をおびていたため、かろうじてベーアの目にとまったのだった。現代的な知識によると、キツネやイヌの卵子は、哺乳類の中でもやや特殊である。これらの卵子は、卵核胞期という卵発生の初期の時期(一次卵母細胞の段階)で早くも受精可能になり、一次卵母細胞の状態でグラーフ卵胞に存在しているのである。ベーアは、他ならぬイヌをたまたま用いていた。彼は幸運にも恵まれていたのだ。

参考文献

スティーヴン・J・グールド『人間の測りまちがい』(鈴木善次・森脇靖子訳 河出書房新社 1989)
エッカーマン『ゲーテとの対話』[上中下](岩波文庫 山下肇訳 岩波書店 1968–9)
トーマス・マン『ドイツとドイツ人』(加藤信二訳注 大学書林 1957)
von Baer, KE: Über Entwickelungsgeschichte der Thiere: Beobachtung und Reflexion. Borntrҫger, Königsberg, 1828, 1837.
チャールズ・シンガー『生物学の歴史』(西村顯治訳 時空出版 1999)
J.Langman『人体発生学』第四版(沢野十蔵訳 医歯薬出版 1982)

12章註●「人種」について

現代では、ホモ・サピエンスは単一種であり、いわゆる「人種」とはホモ・サピエンス内の地域的に異なる遺伝的集団と考えられている。ヒトの遺伝形質に関しては、「人種間」の違いよりも「人種内」の遺伝的変異の方がむしろ一般に大きい。

第13章 ブルダッハとの不和と主著の出版

哺乳類の卵を発見した一八二七年春、ベーアは三五歳で、ちょうどブルダッハがドルパト大学に赴任してきた年齢にあった。いつのまにか彼も、一人前の壮年の学者になっていた。

少壮教授だったブルダッハも、今やケーニヒスベルク大学の五一歳の重鎮教授であった。彼は学識豊かな学者で、沢山の医学関係の教科書を書いた人でもある。神経解剖学では、今なお、彼の名前を冠した解剖学用語（脊髄のブルダッハ束など）が残っている。

この数年前からブルダッハは、彼が執筆した生理学の教科書を全面的に改訂しようとしていた。これが、師弟間の不和の原因になるとは、ブルダッハにもベーアにとっても思いもよらないことであった。

この本は、当時の生理学（現在の動物学を含む）の全知識を網羅しようとするものであった。当然、発生学における新発見もこの中に入る。大著になるので、ブルダッハは何人かの学者に共同執筆者になってもらうことにした。彼はベーアにも執筆者になってくれるように依頼した。

ベーアは、この恩師の招待を大変名誉なことと思い、むろん引き受けることにした。彼は、この本には、カエルおよびニワトリの発生の一部について執筆することにした。そのため、一八二三年以降中断していた雛の発生について、一八二六年と一八二七年にもう一回研究しなおした。早期の発生（孵卵一日目）について、再度確認するためである。

彼が不安に思ったのも当然で、雛の発生過程の中でも初期の観察は難しい。現代の知識によると、鳥類の受精卵は、メスの体内で、ある程度発生が進行した後に、初めて生み落とされるからである。産卵された段階では、卵割などの非常に初期の発生過程はすでに体内で完了している。

ベーアは、講義・実習と研究の合間をぬって、原稿を作成しはじめた。哺乳類の卵子の発見後の、一八二七年の夏から原稿が完成しはじめ、その都度少しずつブルダッハに手渡された。ブルダッハからは、変更案が返ってきた。こうして師弟の間で、原稿とその改訂案が頻繁にやりとりされるようになった。

ブルダッハは、「教科書を書く人」の常として、読者に分かりやすく記述するのを第一とした。そのため、ベーアの元の原稿は大きく省略されたり、ずたずたに分散されたりした。ベーアが苦心して命名した発生の専門用語のいくつかは、彼によって変更されてしまった。現代の多くの教科書執筆者と同じように、彼は不正確な「丸めた」記述も行った。要するにブルダッハは、教科書的な、簡潔で一般的な叙述を望んだのだ。

一方ベーアは、自分の大事な研究を正確に、誤りなく、読者に伝えたいと思っていた。何回かのやり取りの後に、ベーアは大きくため息をついてしまった。そもそも、他人の書いた原稿の中に、自分の文章を散りばめて挿入することなど、至難の業なのだ。それでも、ブルダッハは学生時代からの師であり、大学職員の席を提供してくれた恩人でもある。ベーアは忍耐して、その後も、さらに何回か原稿のやりとりを続けた。しかし、両者の意思の疎通はみるみるうちに悪くなり、ベーアはブルダッハの改稿に次第に我慢ができなくなってしまった。一方ブルダッハは、ベーアの反応に感情を害すると、貝のようになって、おそろしく黙り込んでしまうのであった。

翌年の一八二八年の春頃には、ベーアは、この本とは別に、自分の研究を著書にまとめて発表することを決意するようになった。

ブルダッハにしても、面白くない。自分の「生理学」の教科書の内容と一部重なるような著書を、ベーアは独立に出版しようするのだから。こうして、二人は決定的に反目するようになってしまった。

学者同士の間の師弟関係は、一般にドイツや日本などでは、アメリカでのそれと比べると、かなり強いだろう。

しかし科学者の師弟関係といえども、普通の社会の人間関係と相違することは何もない。実は、筆者自身にも経験があることだが、必ずしも互いに調和がとれずに反目しあい、むしろ非常に不和な間柄（極端には生涯の敵同士）になってしまうという例は珍しいことではない。自然研究者は、一般に例外的なほど正直で率直な人が多く、人間関係に不器用な人も少なくないためではないか思われる。

一八二八年の夏ベーアは、ドイツ語で書いた自分自身の著書『動物の発生誌について：観察と省察』の第一部を刊行した。本文約三〇〇ページの書籍である。一枚の表と三枚の彩色された銅版図が付属しており、その図版のうちの二枚は彼が苦心して自分自身で作成したものである（カラー図1参照）。

これは生物学史上の名著のひとつで、壮年の学者のみが書くことができる力作である。この本および同じタイトルの第二部（一八三七年に出版）は、ベーアの代表的著作となった。これらの内容の大部分は、現代の発生学にもそのまま受け入れられているものである（17章参照）。例えば、第二部で発表された、発生中の脳の五区分名称は現在でも使われている。なお、この書籍は日本の国立国会図書館にも所蔵されているので、誰でも手に取って見ることができる。

そこで、一八二八年に発表された最初の本の内容を紹介しておこう。

この本は、実質的には三つの部分から構成されている。

最初に「わが青春の友、クリスティアン・パンダー博士へ」という公開書簡がある。手紙というのは、当時の論文発表のひとつの形式であるが、これが序文に相当している。ここでは、パンダーとベーアの研究の紹介、およびこの本の刊行の経緯が驚くほど正直に書かれている。ブルダッハ（パンダーの恩師でもある）に対する不満も、ここで率直に表明されている。

二番目には、孵卵一日目から二一日目（孵化する日）までの雛の発生についての、非常に詳細な記述がある。この部分が著書の約半分を占めている。ひと言でいえば、この部分は、入念に調べあげた雛の発生の「事実」

なのだ。ベーアは、デリンガーの教えに従い、「事実」とその「解釈」とを、それぞれ別にして書こうと決心していた。「事実」は時間の試練に耐えるけれど、その「解釈」はそうでもないためである。兄弟子のオーケン（前章を参照のこと）は、これを一緒にしていたために、彼の哲学的「解釈」への批判と共に、彼の発見した「事実」そのものまで信用されなくなってしまっていた。

三番目の、そして最後の部分は「注解と補遺（Scholien und Corollarien）」という項目になっている。これは、二番目のものと同じぐらいのページ数を占めている。この部分には、発生という「事実」に関するベーアの「解釈」が述べられている。また、ここでは、雛以外の動物（無脊椎動物を含む）の発生についての、彼の研究結果が縦横に論じられている。実はこの三番目こそが、ベーアの真骨頂である。彼自身、これは自分の「科学上の信仰告白」であるとまで言っている。

単なる「事実」の提示のみでは、人間はその全体像を理解することができない。例えば歴史だが、ある時代の事実を年代的に羅列しても、それらがいくら事実であろうとも、人間の頭には「その歴史全体」がすっきりとは入らないのと同じことである。発生や歴史などの複雑な過程は、何かしらの「まとめ」や「一般化」がなければ、人間の頭脳には入り込むことができないのだ。

むろん、この発生全体の「もの語り化」にあたって、ファブリキウスのような空言を弄することは論外であった。ベーアは、自然から学んだ諸事実から、一般的な法則（Gesetz）をできうる限り抽出しようと苦闘した。そして、これらの法則こそが、発生学の近代的な枠組みになったのである（17章参照）。

この「注解と補遺」で、彼が最も強調したかったことは、以下のことである。まず、「動物の型(タイプ)ごとに一定の異なる発生様式がある」こと（図3）。10章で触れたように、彼は全動物を四つの動物の型(タイプ)に分類していたが、それぞれは異なる発生様式をもつ。脊椎動物の美しい発生様式（二重対称的発生）については、11章で紹介した通りである（カラー図2）。

次に強調したいのは、一つの動物タイプの中での、発生段階に応じた分化・発達の程度についてである。五番目の注解の中で、ベーアは有名な「発生の法則」を述べている。このベーアの法則は全部で四項目からなるが、その最初に「ある一つの大きな動物グループの共通性は、特殊性と比べると、より早期に胚に現れる」とある。二番目には「最も一般的な形態から、より一般的ではない形態が現れる。この過程がさらに続いて、しまいには最も特殊なものが登場する」と書いている。つまり、ある動物タイプの中では、一般的で共通な形態がまず現れ、発生が進行するにつれて動物種に応じた特殊性が次第に登場する。イメージとしては、発生時間が下から上に向かって流れるとすると、下では一つの類似した形の胚で、上になればなるほど形の多様さが広がる（図4）。多様性の程度を横幅で表すと、発生過程全体は、下が狭く上が広い「漏斗」形を呈する（註：発生過程全体の様相）。

同時に、これらの「注解と補遺」は、当時広く受入れられていた二つの学説を攻撃するものでもあった。

第一に、古くから提唱されていた「前成説」を攻撃している。8章で述べたように、「前成説」とは、「胚は成体の精巧なミニチュアである」とする説である。ベーアは、ヴォルフとパンダーとともに、「前成説」を否定し「後成説（単純な胚から、次第に複雑な形が生じるとする説）」を完全に支持した。胚は精巧には作られておらず、むしろ非常に簡単な組織である。

第二に否定したい学説は、当時オーケンなどの提唱していた「高等な動物の胚は、発生過程で、下等な動物の成体の形態を次々と走り抜ける」とするものである。要するに、あらゆる動物を、ヒトを頂点とした一直線の上昇系列と見なす学説である。この学説は、当時もその後も人気があり、類似のことを言う人たちが続出してきた。

ベーアによれば、そんなことはあり得ない。ヒトの胚は、他の脊椎動物のそれらと似ている段階から、次第にヒト特有の形態を呈するようになるのであって、その途中でクラゲやヒルの成体形を通過して発達するのではない。「発生の法則」の三番目には、「ある特定の動物形のそれぞれの胚は、他の特定の動物の形を走り抜けるのではなく、むしろそれらから益々離れてゆく」とあり、最後の四番目には、「この理由によって、それゆえ、ある高等動物の胚は、他の動物の形と似ることは決してなく、むしろその胚と似ているのに過ぎない」と書かれている（図4）。

ベーアは、「最も一般的な結果」という六番目の最後の注解で、彼の哲学的見解を述べている。いわく、「個体の発生とは、あらゆる観点から見て、個体の個性を強める歴史である」。ここで彼は、オーケンを思わせるような宇宙論的「ドイツの自然哲学」に最も近づいている。

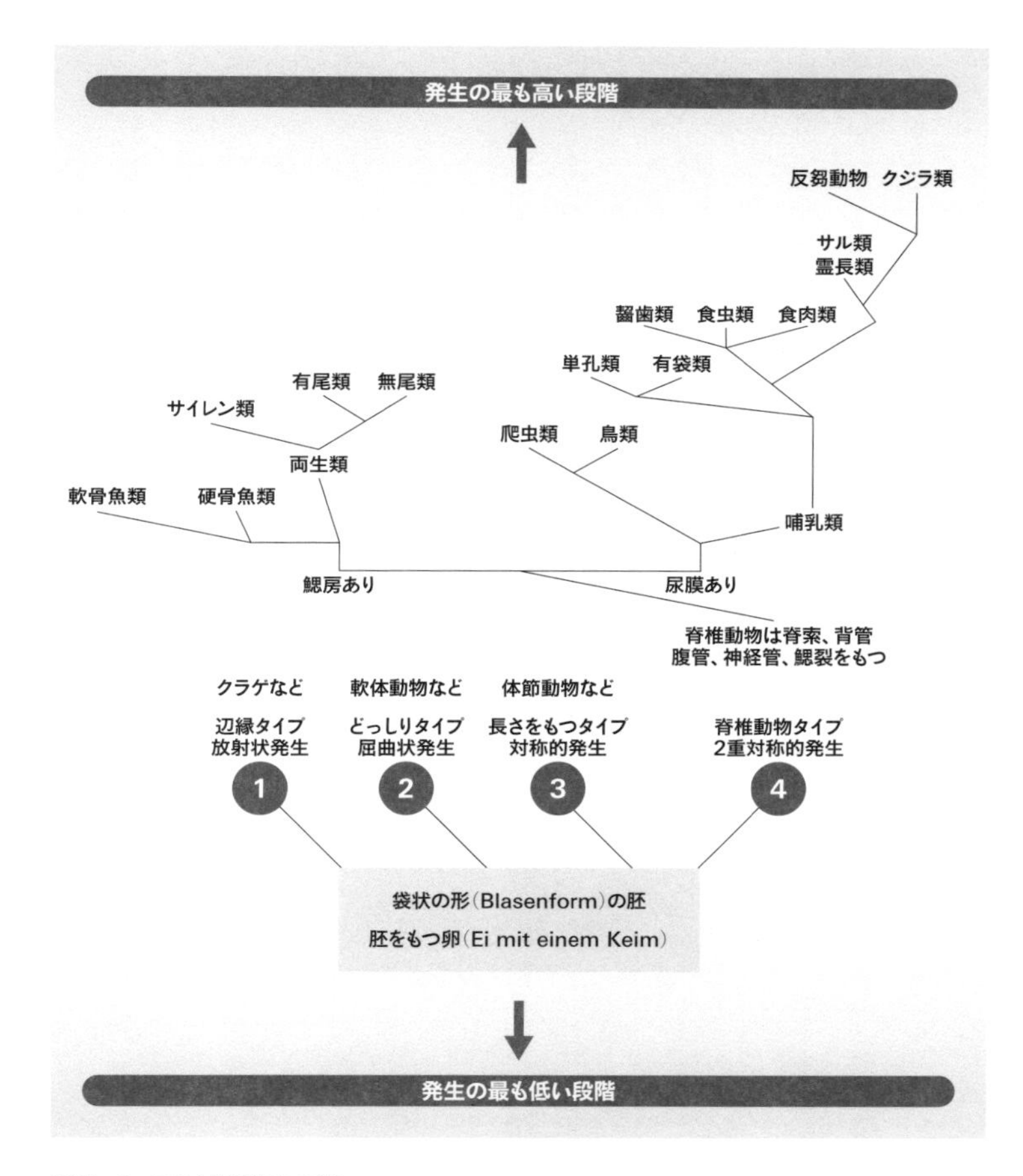

図3▶ベーアによる動物の分類

ベーアは、発生様式の違いから動物を4つのタイプ（動物型）に分けた（1〜4）。4つのそれぞれの動物型には、さらにまた多くの分岐がある。この図は、『Über Entwickelungsgeschichte der Thiere: Beobachtung und Reflexion』（Erster Theil, Bornträger, Königsberg, 1828）の付属表（原書225ページ）をもとに省略・改変して作図した。元の表は横向きに分岐が描かれ、発生の違いが分岐ごとに説明されている（本図では省略）。また元の表では、「発生の最も低い段階」として2種類の卵（胚粒［Keimkorn］および胚をもつ卵［Ei mit einem Keim］）があるとしているが、そのうちの胚をもつ卵［Ei mit einem Keim］の分岐のみを示した。

つけ加えておくと、この本の序文（パンダーあての手紙）の最後に、預言的なことが書かれている。分かりにくいドイツ語の文章なので、補って意訳すると、以下のようになる。「しかし（発生学における究極の）勝利の栄誉は、（未来の）幸運な人間によって獲得されることになるだろうが、これ（栄誉）はその人に保留されているのである。その人は、動物の身体の形成力（＝発生を進める卵の中の力）を一般的な力、すなわち全世界の生命の方向に帰せしめる。しかし、その人を育てるための『ゆりかご』を作る木は、未だ芽生えてもいないのだ！」とある。

ベーアは、発生学の核心、つまり「発生を進める卵の中の力」についての理解は、まだまだ先の話だと洞察していた。実際、発生のメカニズムが分子的に理解できるようになったのは、つい最近（二〇世紀後半から二一世紀にかけて）のことである（17章参照）。

この本は、すぐにではないにしても、ヨーロッパの学者たちに大きな反響をひき起した。三年後の一八三一年に、パリのアカデミー（フランス学士院）は、この本の出版と「哺乳類の卵の発見」を高く評価して、ベーアにメダルを贈った。この受賞者選考には、キュヴィエその人が関わっていた。その事を聞いて、ベーアは踊り出したいような、天にも登る気持ちになった。キュヴィエのことを長年尊敬してきたからである。

ずっと後のことになるが、イギリスのハクスレー（T. H. Huxley: 1825–1895）がこの本の一部（五番目と六番目の注解・補遺）を英訳してくれた。それに添えられた文章には、ベーアに対する賞賛の言葉があった。

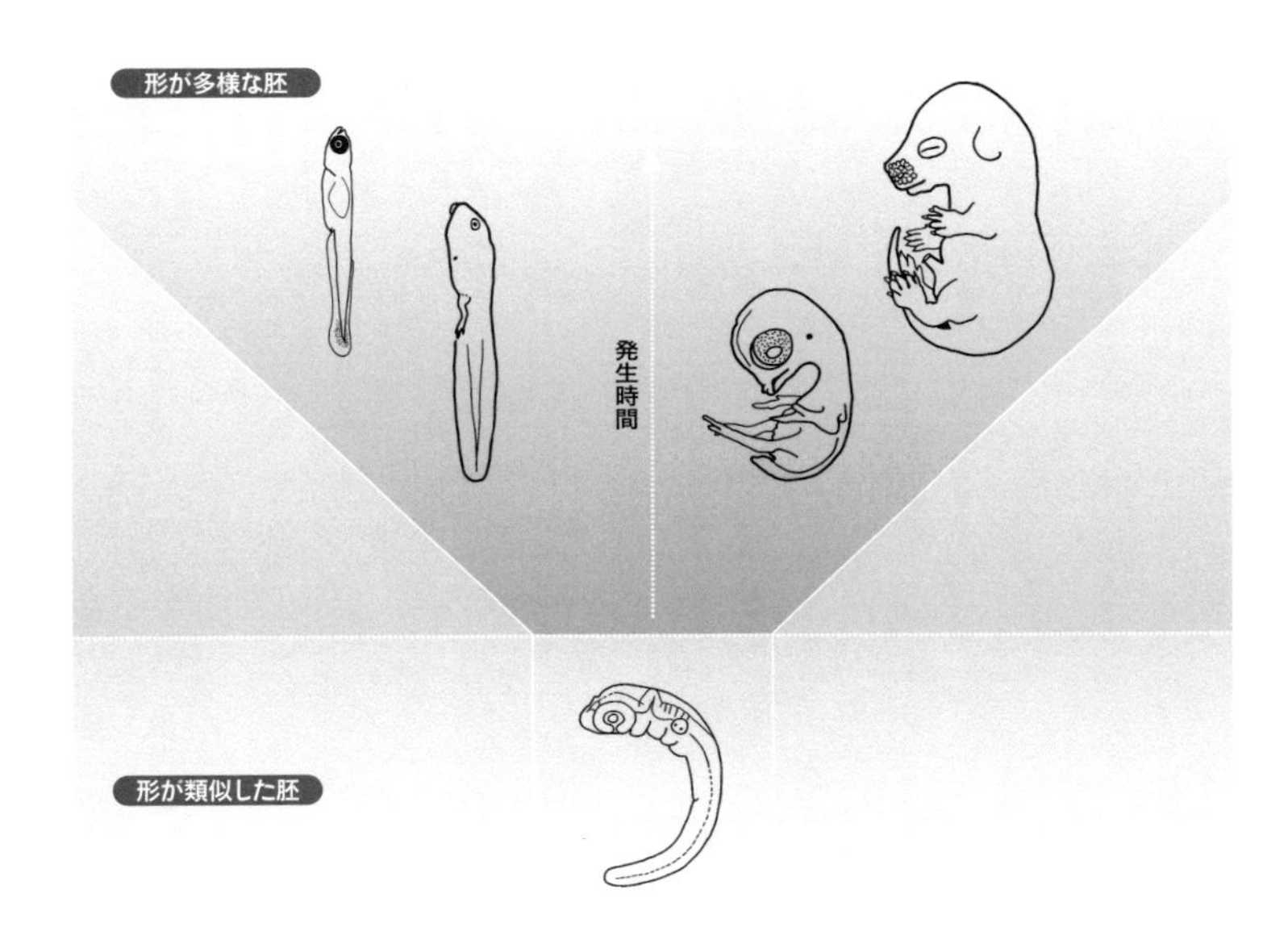

図4▶ベーアの「発生の法則」

ベーアの「発生の法則」をイメージ図によって示した。発生時間（縦軸）は下から上に向かって流れる。横軸は多様性の程度を表す。早期では、各種の動物は共通して類似した形の胚をもつ（図の下方）。この時期の胚のことを、現代では「咽頭胚」と総称する。発生が進めば進むほど、動物による特殊性が出現してきて、形の多様性が広がる。図の上方では、左から右の順にそれぞれ魚類、両生類、鳥類、そして哺乳類の胚や幼生が示されている。発生過程全体は、下が狭く上が広い「漏斗」形を呈している。

これらとは対照的に、どういう理由からか不明だが、ドイツ語圏の学者からの反応は非常に鈍いものであった。「哺乳類の卵の発見」についても、正当な評価をしない人たちが多かった。文部大臣のフォン・アルテンシュタインにしても、哺乳類の卵は一七世紀から知られていて、それをベーアは再発見しただけだと誤解しているのであった。

このドイツ語圏の無視と誤解は、ベーアには敵対的とすら感じられた。これがひとつの底流となって、彼はドイツを去ることになる（次章）。

参考文献

von Baer, KE: Über Entwickelungsgeschichte der Thiere: Beobachtung und Reflexion. Bornträger, Königsberg, 1828, 1837.
スティーヴン・J・グールド『個体発生と系統発生』（仁木帝都・渡辺政隆訳 工作舎 1987）
石川裕二『メダカで探る脳の発生学』（恒星社厚生閣 2018）
佐藤恵子『ヘッケルと進化の夢（ファンタジー）』（工作舎 2015）
Nüsslein-Volhard C : Coming to life: How genes drive development. Carlsbad: Kales Press, 2008.
Huxley, TH : Fragments relating to Philosophical Zoology. Selected from the Works of K. E. von Baer. In Scientific Memoirs, Selected from the Transactions of Foreign Academies of Science, and from Foreign Journals (Eds. A. Henfrey, T. H. Huxley), Taylor & Francis, London, pp. 176–238, 1853.

13章註●発生過程全体の様相

現代では、発生過程全体の様相は「漏斗」形ではなく、「砂時計」形であると考えられている。「砂時計」というのは、発生過程中期の共通性を砂時計の「くびれ」に見立てたものである。この「砂時計」モデルでは、初期胚（卵割中の受精卵など）の形態は多様、中期胚（咽頭胚）の形態は共通、そして後期胚の形態は再び多様になる。

第14章 ケーニヒスベルク大学——ドイツを去るまでの数年間

学問的な成功とはうらはらに、ベーアはブルダッハとは、互いに「生涯の敵同士」のようになってしまった。彼は本来、親族、親友、そして恩師といった親しい人たちに、強い愛着をもつ人間である。それだけに、これほど理不尽で苦しい事は、これまでの人生になかっただろう。職場は近いし、大きくない街なので、彼は四六時中ブルダッハと接触せざるをえない。このような人間関係から逃れる方法は、昔も今もひとつしかない。相手と顔を合わせないように、大きな地理的な距離を置くことである。

ベーアは、別の大学に異動することを考えるようになった。

そこに、思いもかけない所から地位提供の話がふってわいてきた。

ここにも、親友のパンダーがからんでいる。パンダーは、その後ヨーロッパ各地で研究し、古生物学の大家になっていた。彼は一八二六年に、ロシア帝国のペテルブルク科学アカデミーに招かれ、動物学の教授になった。しかし郷里のリフリャント県（リガ）に帰るために、近く辞任する予定であった。

一方ベーアは、哺乳類の卵子の発見直後、すぐにラテン語の論文を書き、一八二七年七月にペテルブルク科学アカデミーへ送っていた（この公開書簡という形式の論文は、翌年出版された）。あたかもその返事であるかのように、アカデミー総裁から手紙が送られてきた。

そこには、「このほどパンダー教授がアカデミーを辞めるので、その後任として、動物学の教授就任を受諾していただけないか」とあった。この偶然の一致のうちに、ベーアは喜ばしい運命のようなものを感じ取った。バルト・ドイツ人ではあっても、彼にとってロシアは、5章で見たように、愛国心の対象であった。ペテルブルクは、彼の祖国の首都であり、故郷のエストニアとも遠くない。

医師や科学者による学術団体（科学アカデミー）は、ヨーロッパの各地に古くから設立されてきた。ドイツ語圏では、ドイツ自然科学アカデミー（レオポルディーナ）が、すでに神聖ローマ帝国時代に創立されている（一六五二年創立）。英国では、ロンドン王立協会が一六六〇年に設立された。前章に出てきたフランス（パリ）王立科学アカデミー（フランス学士院）は、一六六六年に発足した。

ロシアでは、ピョートル大帝の遺志によって一七二五年にペテルブルク科学アカデミーが開設されていた。その発足当時から、ここの正式会員（教授）の大多数は、ヴォルフやパンダーのように、ドイツ人かバルト・ドイツ人であった。ベーアも、少し前から通信会員になっていた。

彼は、この異動の話に心を動かされながらも、慎重な配慮を忘れなかった。研究予算などはどうなのか？

研究施設など、これまでの研究を、果たしてロシアで続けられるだろうか？　アカデミー総裁との手紙のやりとりが何回か続いた。

しかし、それ以上に重大な問題につきあたった。妻のアオグステが大反対して、取り乱したのである。彼女にしてみると、ロシアはクマと強盗が街道に頻繁に現れる未開な国である。ドイツから見ると、ペテルブルクはほとんど北極ではないか！　彼女は、生まれ育ったプロイセンを離れ、文化的に野蛮な国に行く気にはなれなかった。

ベーアは、二七歳の頃にアオグステと識りあった。『自伝』に「私は一八一九年のはじめ、彼女に対する深い愛をはぐくみ、大学助教授として、彼女に私の妻になってくれるように頼むのを躊躇しなかった。彼女の両親の同意のもとにだが」とある。彼は妻を愛し大切に思ってきたから、無理は通せない。

そのため彼は、まずは単身で実際のペテルブルクの様子を探ってみることにした。大学を数ヶ月休職して、ペテルブルクに行くことにしたのである。

一九二九年の暮れにペテルブルクに到着すると、パンダーをはじめ、アカデミーのメンバーが暖かく親切に迎えてくれた。まるで、もうすでに正式の会員になったかのようであった。そこには、旧知のドイツ系の学者が多くいて、ドルパト大学で教わった物理学のパロット教授（5章）までもがいた。

早速ベーアは、アカデミー附属の動物博物館で、セイウチなど解剖をはじめようとした。この動物博物館は、ピョートル大帝のいわゆる「珍奇物の陳列室」がその前身で、その後次第に学術的に充実してきたものである。しかし、解剖専用の部屋はなく、仕事を能率よく進めることができなかった。学術雑誌などの図書利用についても、やはり不便であった。

そこで彼は、以前から気がかりになっていた、パラスという自然誌学者の本について調査をはじめた。ロシアの動物学誌として重要な、彼の著作がいまだに出版されていなかったのである。

パラス(Peter Simon Pallas: 1741–1811)は、ベルリン生まれの学者で、一七六七年にエカチェリーナ二世によってペテルブルク科学アカデミーに招かれた。彼は、ヴォルフ(8章と11章)と同時代の人物であるが、八歳年少である。

彼は、アカデミーを拠点に探検隊を組織し、ロシア領ユーラシア大陸の自然誌を六年間にわたって調査した。冬は凍傷に悩まされ、夏は吸血昆虫の大群に苦しめられる困難な探検旅行であったろう。その調査範囲は、植物学、動物学(昆虫学も含む)、地理学、地質鉱物学、そしてシベリアの先住民族の民俗学と言語、など非常に広範な領域におよぶ。その成果は幾つもの著作や論文として報告されたのだが、ロシアの動物相に関する重要な本が未刊のまま、彼は一八一一年に亡くなってしまっていた。

彼の大著(『ロシア–アジア動物図誌』)の本文は印刷されたのだが、肝心の銅版画による図版が行方不明になっていた。ベーアは、パラスの自然科学上の業績と遺産に畏敬の念を抱いていたので、図版の発見にできるかぎりの努力を払い、ようやく本の刊行にこぎつけることができた。パラスの遺著の図版は、一八三一年以降数年にわたって出版された。

パラスは並外れて生産的な研究者ではあったが、何せロシアは広大すぎた。彼の悲劇は、資料を集め過ぎて、本を執筆して完成させる時間がなくなってしまったことに起因する。ある意味で、自然誌学者の生涯は、時間との競争である。多大な労苦と時間をかけて資料を収集する一方、自分自身の健康寿命を見極めていなければならない。

ベーアも、人ごとではなかった。彼はこれから『動物の発生誌について』の第二部を刊行しなければならないのだが、そのための準備は十分とは言いがたかった。哺乳類の胚の発生については、さらにもっと深く調査研究しなくてはならない。

彼は、発生の研究をロシアでも続けられるかどうか、心配になってきた。そのため、一八三〇年の春までペテルブルクにいて、研究材料が入手できるかどうかを試してみた。その結果は、否定的なものであった。野外の魚やカエルの卵がなかなか入手できなかった。哺乳類の胚の入手も容易ではない。

そして何よりも、妻の賛同が得られないため、彼はアカデミーからの教授招聘を今回は断ることにした。

彼は同じ年にケーニヒスベルク大学に戻り、教育と研究に復帰した。

一日でも早く、『動物の発生誌について』の第二部を刊行しなければならない。

そのために、ケーニヒスベルク近隣の農場主と契約を結び、ヒツジとブタの胎児を入手できるようにした。

この農場主は、長年にわたりベーアの研究を助けてくれた人で、今回も彼のために、交尾が行われた日を記録しておいてくれた。ある月齢の胎児が必要になった時には、適切な妊娠動物を農場主が選び、その動物を作男がケーニヒスベルクの街まで連れて来るのだった。この研究経費の大部分は、ベーアの私費によって支払われた。文部大臣のフォン・アルテンシュタインは、ベーアに対して冷淡になっていて、彼の研究を強く支援しなかったからである。

一八三〇年から一八三四年まで、彼は以前にもまして熱誠に、発生の研究に没入した。この期間中に、彼はカメの発生や、待望していた魚類（コイの仲間）の発生も研究することができた。発生の初期では、卵割という特色ある細胞分裂が行われるのだが、これについてはカエルを材料にして詳細な観察を行った。

このような生活を送っているうちに、しかし彼は、消化不良と不眠に悩まされるようになってきた。消化管が動かないと書いているので、便秘に苦しめられたようだ。

この原因は、長年にわたる研究生活そのものによるものだ、と彼は考えた。ベーアは本来、野外の活動を好んだのだが、発生の研究のために室内での仕事を続けるはめになってしまっていた。実際、長い間、春から夏にかけては、外に出る時間もなかった。この長期にわたる座り仕事が、健康に良くなかったという。

彼は書いている。

「長い期間、屋内に閉じこもって仕事をした末、ようやくのことで街壁の外に出てみると、畑ではライ麦が稔り、収穫も間近だった。この光景は私を激しく打ったので、地面に身を投げて、自分の愚かな生き方を後悔したくなった。私は、自分自身に向かって、メフィストフェレスのような調子で弁ずるのだった。『発生についての法則は、君かあるいは別の人間によって、今年か来年かに発見されるだろうが、そんなことは大事なことではないよ。君が、誰も取り戻してくれないような自分自身の人生の喜びを、犠牲に供しているのは、まったく馬鹿げたことだとしか言いようがないね』。しかし、その翌年の春になると、私はまた同じことをくり返すのだった」。

その上、哺乳類の発生の研究が期待通りには進まなかった。胚の形態を時間経過の順番に並べようとしても、胎児の間の変異が大きいために、うまく整理できなかったのである。このことも彼を苦しめた。

彼の健康上の不安はますますひどくなった。ベッドに入っても、なかなか眠れなかった。現代だったら、「中年の危機（midlife crisis）」とされる状態だったかもしれない。むろん、ブルダッハとの不和に起因するストレスも十分考えられるだろう。

彼は生活を一変させる必要を痛感し、ペテルブルク科学アカデミーと再び接触しはじめた。アカデミーはベーアに非常に好意的であったので、教授就任の話はすぐにまとまった。

『自伝』には、ロシアへの異動の理由が幾つかあげられている。数年前のコレラ流行への医学的対策をめぐって、ケーニヒスベルクの知事やフォン・アルテンシュタインの好意を失ったこと。そして、ロシア領であるエストニアの荘園の管理に好都合なこと、などである。ベーアの研究に対するドイツ語圏の学者たちの冷淡さも、これに拍車をかけたと思われる。しかし最大の直接的理由は、彼の健康問題であったろう。ロシア行きは一種の「転地療法」と考えられる。

プロイセンの文部省は、彼の異動を止めようとして、あわててハレ大学の教授の席を用意した。しかしこの提案は遅すぎた。

反対していた妻のアオグステも、彼の健康状態を考えると、ロシアへの転地に賛同せざるを得なくなったらしい。一八三四年の秋、ベーアの一家は、そろってケーニヒスベルクを離れ、まずエストニアのレヴァルの親族の家に向かった。

同じ年の暮れに彼は、ペテルブルクにまず単身で赴任した。残りの家族は、レヴァルに留まってロシアの寒冷な気候にしばらく順応した後、翌年春になってからペテルブルクに向かい、一家は再び合流した。

一八三四年、彼は四二歳になっていた。この年彼は、全生涯の前半（第一の人生）を終えたことになる。

ベーアの後任教授として、当時ドルパト大学にいたラトケ（Martin Heinrich Rathke: 1793–1860）が選任された。彼もまた発生学に重要な貢献をした人物で、鰓弓（鳥類や哺乳類の胚に見られる鰓に似た構造物のこと）の研究などで著名である。現在でも、彼の発見したラトケ嚢（下垂体の発生に関与する外胚葉性突出物のこと）は、発生学や医学ではよく知られている。

結局のところ彼は、『動物の発生誌について：観察と省察』の第二部の原稿を完成させることができなかった。ケーニヒスベルクの出版社（Bornträger）は、入稿があまりに遅いので、それまでに入手していた原稿にもとづいて一八三七年に第2部を出版してしまった。第2部の冒頭には出版者からの「お知らせ」があり、この間の事情についての説明がある。さらに一八八八年、ベーアの死後、ヒトの発生に関する遺稿がシュティーダ（L. Stieda）教授によって第2部に付け加えられた（註：主著第2部の内容）。

参考文献

西村三郎『未知の生物を求めて』（平凡社 1987）

プフィツェンマイエル『シベリヤ探検記』（現代教養文庫 橋口健二訳 社会思想社 1968）

石川裕二『メダカで探る脳の発生学』（恒星社厚生閣 2018）

14章註●主著第2部の内容

ここには、鳥類（ニワトリ）、爬虫類（カメ、ヘビ、そしてトカゲ）、ヒトを含む広範な哺乳類、そして羊膜をもたない動物（両生類と魚類）の発生が記載されている。

またこの著書では、発生全般についての一般化（法則化）がなされている。発生過程の段階化など、現代からみても正しいものが多いが、間違いもある。例えばベーアは、脳は発生初期の「三つの脳胞」から出発して、「五つの脳胞」に分化するとし、これがその後の教科書的定説になった。しかし筆者たちの研究結果によると、この定説は誤りである（石川『メダカで探る脳の発生学』）。「三つの脳胞」が脊椎動物に普遍的に存在することはなく、発生初期の脳形態はむしろ多様である。

第15章 ペテルブルク科学アカデミー──ロシアでのベーア

こうして近代的発生学を建設した研究者たちは、ヴォルフ、パンダー、そしてベーアと、三代にわたってペテルブルクの科学アカデミーに奉職することになった。

しかし結局ベーアは、一八三四年以降、発生学の研究に従事することは、ほとんどなかった。現代から見ると、彼はその名声の絶頂期に発生学の研究を唐突に打ち切り、ロシアに移ってしまったように思える。しかし、これまで見てきたように、これには十分な理由があった。研究材料の入手困難のためであり、そして何よりも彼自身の健康のためであったろう。

発生学というものは、当時、専門分野としてはまだ独立してはいなかったし、解剖学の一分科にすぎなかった。しかも彼は、根っからのナチュラリストであった。彼はもともと、最初の章で見たように、植物、動物解剖、そしてアルプスの地形や景観にも魅せられた、強健な自然誌愛好家であった。彼は第二の人生、つまり生涯の後半期を、パラスとまったく同様に、ロシアの自然誌（特に地理学と人類学）の研究に捧げるようになったのである。

彼は念願だった野外での探検的活動を始めた。一年間のうち一ヶ月は休暇をとり、学術的な旅行を行った。

内服薬として、ダイオウの根を飲み続けた。そのためか、健康状態も嘘のように良くなった。彼は結局、八四歳まで長生きすることになる。

これ以降のベーアは、発生学とは実質的には離れるので、以後の記述は簡略にしたいと思う。その上、筆者には地理学と人類学について論評する能力に欠けている。

本章では、彼がロシアに帰国してから(1834)、『自伝』(改訂版)を書いた時(1866)までの三二年間についてお話しする。

ここで、彼が生まれ、一家で永住したロシア帝国について、簡単に紹介しておこう。

ロシア(ルーシ)の始まりは九世紀初頭である。北からのヴァイキングとキエフを中心に生活していたスラヴ民族が合流・合体して始まった。ロシアは、東ローマ帝国(ギリシア帝国、ビザンチン帝国)から伝道されたキリスト教(オーソドックス)を一〇世紀に受容した(2章)。

一三〜一四世紀になると、モンゴル・トルコ系の遊牧民が各地を征服して、中央ユーラシアに巨大な帝国を作るようになった。ロシアは、この帝国のジョチ・ウルスの北西端の辺境にあたり、その支配下に組み込まれる。このモンゴル・トルコ系の国(ジョチ・ウルス、そして、その後裔にあたる諸汗国)の多くは、キリスト教ではなく、イスラム教を採用した。

しかし一四世紀頃から、ロシアの中でもモスクワ大公国が発展をはじめ、ロシア帝国の前身が形成されはじめた。一六世紀になると、大砲や銃の導入によってロシア帝国は諸汗国との力関係を逆転させ、南と東に向かって大きくその領土を拡大した。そして、シベリアからユーラシアの極東まで（一時はアラスカまで）を広くその領土に組み込んだ。実に、地球の全陸地のうちの六分の一以上である。ロシアは、その成り立ちから言って、文明的にはヨーロッパでもありアジアでもある。

ベーアの暮らした一八三四年から一八七六年のロシア帝国は、アレクサンドル一世の弟、ニコライ一世（在位：1825–1855）、そしてその後アレクサンドル二世（在位：1855–1881）によって統治されていた。ニコライ一世は、ロシアを貴族支配から官僚制に切り替えることに熱心だった。官僚制の拡充にあたり、彼はバルト・ドイツ人を積極的に採用した。

この時代、ロシアは経済的に発展した。農奴解放（1861）などの社会改革が進んだ時代でもあった。しかし、一八五三年から一八五六年のオスマン帝国（現トルコ共和国）との戦争（クリミア戦争）を通じて、先進国のフランスそしてイギリスと戦い敗北する。

ベーアはペテルブルクの科学アカデミーで最初は動物学、後には解剖学の教授を勤めた。アカデミーの図書館長やロシア政府の視学官にもなった。医学・外科アカデミーの教授にも数年間就任した。七一歳になった一八六三年には、科学アカデミーの正会員を引退して、名誉会員になっている。ロシア帝国はベーアを厚遇し続け、老齢の彼を文部省および枢密院の顧問として待遇した。

この頃になると、ベーアの自然科学における功績は、広く世界中に認められるようになっていた。ロシアから、そして諸外国（スウェーデン、プロイセン、英国など）から数多くの勲章を授けられた。彼を名誉会員として受け入れた科学アカデミーや学術団体の数は、世界中で一〇〇に近い。

しかし彼は、何よりも野外での探検調査を好んだ。彼がロシア帝国および外国で行った主要な旅行を次に列挙しておく（地図3）。

一八三七年、一八四〇年：北極に近い島、ノヴァヤゼムリャの調査。
一八三八年、一八三九年：南フィンランドで氷河浸食の地質学的調査。
一八四五年：アドリア海で動物学的調査。
一八四六年：イタリアのジェノアで動物学的調査。
一八五一年：バルト海沿岸地方、特にペイプス湖の漁業資源調査。
一八五一年：スウェーデンで漁業資源保護規制についての調査。
一八五三年〜一八五七年：カスピ海の調査（主として漁業資源調査）。
一八六〇年：再びペイプス湖近辺でサケの移植についての調査。
一八六二年：アゾフ海での地理学的調査。
一八六三年：ヴォルガ川の地理学的調査。

このように、彼はロシア帝国の北端から南端まで探検的旅行を行った。七〇歳を過ぎても嬉々として調査旅行を続けた彼の強靭さには、感嘆せざるを得ない。

中でもカスピ海の調査には、長い時間をかけて努力を重ねた。漁業はロシア帝国にとって重要な産業なので、魚の増殖やキャビアの生産には特別な関心が払われたからである。そのため彼は、ロシアにおける魚類学のパイオニアにもなった。魚類学は、科学的知識によって水産業を振興させるために、基礎となる学問分野である。

カスピ海の調査は、ちょうどクリミア戦争の時期であった。トルコ人の戦争捕虜と接する機会があり、彼は生まれてはじめてアジア人を間近に見た。人類学者として、トルコ人のパシャ（高級軍人）の行動を興味深そうに観察・記録している。

学術交流のためのヨーロッパ旅行も数多い。一八五八年から一八六一年にかけて、ドイツの諸大学、スイス、スウェーデン、パリ、そしてロンドンを訪問した。これは主として自然人類学研究のためであった。

ベーアの探検に同行し苦難を共にした人たちの中には、ミッデンドルフ（Arlexander Theodor von Middendorff: 1815–1894）のように、後年、有力なロシアの自然誌学者となったものも数多くいる。ベーアは、プロイセンでと同様に、ロシアにおいても教育者であり続けた。

ダニレフスキー（Nikolay Yakovlevich Danilevsky: 1822–1885）もその一人である。彼は、ロシアにおける反「ダーウィニズム」論者として著名である（トーデス著、垂水訳『ロシアの博物学者たち』による）。彼によれば、「ダーウィニズム」は、有用性と競争を称揚する、イギリス社会特有の刻印を受けた学説だという。

とは言っても、彼は生物進化そのものを否定したのではない。ロシアの地は広大な上、動物の棲息密度は希薄なので、「個体同士の激しい生存闘争」は目立たない。ダニレフスキーの進化論は、「生存闘争」よりも「共生あるいは相互扶助」に重点をおいたもので、その後のロシアの思想形成に影響を与えたという。なおベーア自身と進化論との関係については、次章で触れたいと思う。

『自伝』の最後の方に、「私の個人的な生活」という項目がある。彼の人となりを知るために貴重なので、一部を紹介しておこう。

4章で見たように、高等学校以来、彼の生活にとって文学が大切なもののひとつになっていた。彼は想像力豊かではあったが、劇や小説は創らなかった。ゲーテの言う「糸つむぎの喜び（おしゃべりの能力）」が不足していた、と自分で言っている。その代わり、詩や散文を盛んに創作した。

彼のお気に入りの小説や劇作としては、シェークスピア（1564–1616）、スウィフト（1667–1745）、スターン（1713–1768）、などのイギリス人の作品、そしてレッシング、シラー、ゲーテ、ジャン・パウル（1763–1825）などのドイツ人のものをあげている。フランス人の作家としては、モリエール（1622–1673）のみである。どういう訳か、プーシキン（1799–1837）やゴーゴリ（1809–1852）といった同時代のロシア人の作家は、皆無である。スコットランドのウオルター・スコット（1771–1832）は、ゲーテが天才と激賞している詩人・小説家だが、ベーアも大好きで、夜には彼の小説を読んで過ごした（註：スコットの小説）。

ベーアの好みの作家は、ゲーテのそれと似ていることが多いけれど、そうではない場合もある。例えば、ゲーテはイギリスの詩人バイロン（1788–1824）を熱烈に賞讃し、イタリアのマンゾーニ（1785–1873）とフランスのユゴーを高く評価している。しかし、ベーアは彼らについてはひと言もふれていない。ゲーテが感心するヴォルテールについても、彼は何も書いていない。

さらに『自伝』の書きぶりに関連して、こうも言っている。「私にとって、はじめるのは、すべて易しいが、終えるのは難しい。しばしば、終わりには到達しがたいことがある」。

研究と教育だけではなく、ベーアは家庭でも、父親としてまた夫として、その義務を十分に果たしたと思われる。

こう書いている。

「私の最初の子を、まだ少年の頃にケーニヒスベルクで失った。二番目の息子はドルパトに居て勤勉に自然科学を研究している。三番目の息子は海軍の将校で、現在ペテルブルクで勤務している。もっと若い二人の息子はエストニアで領地をもっている。私のたった一人の娘は、地元の人であるリンゲン博士と結婚している」。

また、こうも書いている。

「私の妻は一八六四年三月一五日に私から（神によって）取り去られた。私がいつ彼女の後を追うかは、伝記作家が書きつけることである。私には言うことができない」。

参考文献

杉山正明『大モンゴルの世界』(角川文庫KADOKAWA 2014)
杉山正明『モンゴル帝国と長いその後』講談社学術文庫(講談社 2016)
土肥恒之『図説　帝政ロシア』(河出書房新社 2009)
ダニエル・P・トーデス『ロシアの博物学者たち』(垂水雄二訳 工作舎 1992)
エッカーマン『ゲーテとの対話』[上中下](山下肇訳 岩波文庫 岩波書店 1968–9)

15章註●スコットの小説

スコットの歴史小説「アイヴァンホー」などは今でも人気があり、映画化されたりしている。ベーアは、寝る前に神経を鎮めるために彼の小説を読むのだが、主人公たちの運命が気になるあまり、時にむしろ眠れなくなってしまったと書いている。

第16章　晩年および進化論について

このベーアという、類いまれなる人の話も最終章になった。

当然ながら『自伝』（改訂版）には、一八六六年（七四歳）以降の情報はない。これ以降については、他の資料に依らなければならない。筆者が依拠したのは、①タミックザール（E. Tammiksaar）によるもの、②グールドの著書（『個体発生と系統発生』）、③そして科学史家のブラオクマン（S. Brauckmann：エストニア、タルトゥ大学図書館）の論文である。

タミックザールによると、ベーアはペテルブルク科学アカデミーから完全に引退した後、エストニアに帰郷した（地図2）。

プロイセンのケーニヒスベルク大学に就職して以来、実に四九年ぶりである。彼は、一八六七年（七五歳）から晩年の九年間を、この「北のハイデルベルク」、ドルパトで過ごしたのである。愛する妻を伴ってではなかったにしても、大学時代を過ごしたふるさとに帰って、彼はどんなに嬉しかっただろう。

アカデミー正会員から引退してからも、彼は執筆活動を最後まで続けた。

グールドによると、ベーアは発生に関する重要な論文を七四歳の時（1866）に発表している。精子による受精がないまま、卵だけから発生が進行する、タマバエの発見を報じたものである。このような発生現象は、単為生殖あるいは単為発生とよばれ、その後、魚類（ギンブナなど）、爬虫類、そして鳥類でも知られるようになった。タマバエのように、幼生段階で子を作る場合を幼生生殖という。幼生生殖あるいは幼生成熟（ネオテニー）は、人類の進化においても重要な意義をもつと考えられている。

同じくグールドによると、ベーアの最後の論文は一八七六年に発表され、さらに死後、彼が執筆したキュヴィエの伝記が出版された（一八九七年という）。

ベーアは、妻の死後一二年後の、一八七六年一一月二八日に永眠した。八四歳であった。埋葬地はドルパト・聖ヨハネ（現タルトゥ・ラーディ）墓地という。

本章の最後に、ベーアと進化論との関係に触れておきたい。彼は進化を認めなかった、という誤った説が一般に流布しているからである。

ダーウィンの『種の起源』が発表されたのは、一八五九年のことであるが、この年六七歳のベーアはペテルブルクにいた。

当然ながらも、ダーウィンのもともとの進化論は、現代から見ると不備な点が多い。例えば、進化論では生物の変異が子孫に伝わる（遺伝する）のだが、この遺伝様式についてダーウィンは間違った説明をしていた。当時の知識では、そもそも遺伝という生物現象について、理解できていなかったのである。

したがって、ダーウィンの進化論を即座にそのまま承認した学者(イギリスではハクスレー、ドイツではヘッケルなど)は、当時むしろ少数派であった。前章で触れたように、野外で研究してきたロシアの動物学者の多くは、「生存闘争」は事実としての確証が不十分だと考えていた。ベーアも、そのうちのひとりである。

ベーアはキュヴィエ流の実証主義者だったから、確証されていない生物学的推論には断固として反対した。シュワンによって一八三九年に提出された「細胞学説」に対しても、彼はなかなか納得しなかった。彼は、受精卵の発生過程では、細胞分裂が不完全なこと(卵黄までは分割しない)を実見していたからである。しかしその後、ケリカー(Rudolf Albert von Kölliker: 1817–1905)がシュワンの説をやや修正した。そのケリカーが出版した論文「動物細胞の理論」を読むにおよんで、彼も「細胞学説」にようやく同意した(註:ケリカーについて)。

ダーウィンの学説に対しても、ベーアは批判的な論文や著書を発表した。しかし、進化をダーウィンの「生存闘争(自然淘汰)」よりも広い視点から見ると、やや違う見解が出てくるだろう。広い視点とは、「進化」の中心的主張を「種は変化する」ことだと捉えることである。キュヴィエは「種の固定不変」を信じていたから、むろん進化論者ではない。しかし、ベーアはそうではない。科学史家のブラオクマンによると、ベーアは、発生様式の変化によって種は変容(進化)すると信じていたという。この科学史家は、ドイツのギーセン大学に収集されていた彼の遺稿の中から、ある手描きの資料を見つけた。その手描き図には、樹木のようなものが描いてあった。

これは、13章で紹介した主著『動物の発生誌について』の第一部に出てくる表に関連したものである（13章の図3参照）。この表では、さまざまな動物がその発生様式の違いによって分類されている。根元に「発生の最も低い段階」として「卵」が存在する。「胚をもつ卵」からは、四つの異なる「動物型」が分岐する。四つのそれぞれの「動物型」からは、さらにまた分岐がある（「脊椎動物型」からの分岐が最も多い）。出版された本の中の表は、非常に単純な分岐図であった。しかし、もともとの手描きの図では、この分岐様式が複雑な枝分かれの樹木そっくりに描かれていたのである。

さらにブラオクマンによると、一八三四年（四二歳）の公衆に対する講演で、ベーアは種の変容について述べている。また、最後の論文「ダーウィンの学説について」（1876）においても、種が変化することを彼は認めていたという。

したがって、ダーウィンの学説（「生存闘争（自然淘汰）」による進化）には反対したけれど、ベーアは「反進化論者」ではなく、広い意味での「進化論者」であったと思われる。

進化論はその後の生物学のみならず、一般社会にも大きな影響をもたらしたので、若干補足しておきたい。社会的に問題となったひとつは、ダーウィンがあくまで広く比喩的な意味で用いた「生存闘争」や「自然淘汰」という言葉が、通俗化される過程で、一九世紀に「社会ダーウィニズム」という怪物を生んでしまったことである。

「社会ダーウィニズム」とは、個体どうしの無慈悲な生存闘争が「生命の法則」であり、人間社会にも「強者の繁栄・弱者の滅亡」の原則が適用されるのが正義だとするものである。「社会ダーウィニズム」は、ヨーロッパ人とアメリカ人の白人至上主義、奴隷制、侵略戦争、植民地主義、そして人種差別を正当化する〝科学的な〟支柱になってきた。

現代の日本でも、「進化論」とは「社会ダーウィニズム」のことだ、と古風に誤解している人たちは多い。

しかし、ダーウィンとウォレスからはじまった「変異と自然淘汰」を骨格とする進化論は、その後メンデルなどの遺伝学を取り入れ、さらにさまざまな概念によって肉づけされ、現代的なものとなってきた。例えば、進化を進める動因としては「適応」のみならず、「中立的な浮動」もまたありうる。

現代的進化論は、非常に幅広い概念になっており、進化=進歩とは考えてはいないし、「社会ダーウィニズム」を支持するものではない。

現代の進化論は、生物学における最も重要かつ唯一の「統一理論」となっている。実際、「進化の光なしには生物学のすべては意味をなさない」とは、遺伝学者のドブジャンスキー(T. Dobzhansky: 1900－1975)の言葉である。

参考文献

compiled by E. Tammiksaar, A short biography of Karl Ernst von Baer, http://www.zbi.ee/baer/biography.htm

ダニエル・P・トーデス『ロシアの博物学者たち』(垂水雄二訳 工作舎 1992)

スティーヴン・J・グールド『個体発生と系統発生』(仁木帝都・渡辺政隆訳 工作舎 1987)

ヘッケル『宇宙の謎』(栗原古城訳 科学図書館叢書 インプレス R&D 2018)

Brauckmann, S: Karl Ernst von Baer (1792–1876) and evolution, Int. J. Dev. Biol. 56: 653–660, 2012.

萬年甫著『脳を固める・切る・染める』(メデイカルレビュー社 2011)

木村資生『生物進化を考える』(岩波新書 岩波書店 1988)

Dobzhansky T : Nothing in biology makes sense except in the light of evolution. American Biology Teacher 35:125–129, 1973.

16章の註●ケリカーについて

スイス生まれのケリカーは、後にヴュルツブルク大学教授となり、組織学の巨匠とよばれるようになった。彼は包容力と眼力を兼ね備えた人物で、イタリアのゴルジ(C. Golgi: 1843–1926)とスペインのラモニ・カハール(S. Ramóni y Cajal: 1852–1934)の研究を高く評価し、彼らを熱心に後援した。両者は、神経系組織の構造を明らかにしたことにより、一九〇六年にノーベル賞を同時に受賞した。

第17章
現代に続くベーアの仕事

ベーアの生涯についてこれまで紹介してきたが、現代に生きる私たちにとって、彼の研究はどのような意味をもっているのだろうか？　本書の最後に、発生学のその後の発展、そしてその応用について簡略に書いておきたいと思う。読みやすくするために、この章のみは節に区切って述べる。

注意しておきたいのは、発生学には、あらゆる自然科学分野と同じように、学問的な側面と応用的・実用的側面の二つの性格があることである。

学問的な側面というのは、「自然に対する驚異と畏怖の念」を伴った人類の知的好奇心にもとづいている。これには、数千年の歴史がある。古代のアリストテレスも、詩人のゲーテも、そしてむろん本書の主人公であるベーアも、ひたすら「神の神秘的な仕事場をうかがい知りたい」と願っていた（7章）。

一方、応用的・実用的側面は現代になってきてから次第に強くなってきたものである。人類は、自身のより良い生存のために、知恵を絞り、力をつくし、世界を資源として開発し尽くしてきた。発生学の知識もまた、畜産学や医学から見逃されることはなかった。発生学は、現代に至ってようやく、いわゆる「人様に役に立つ学問」になってきたのだ。しかしながら「役に立つ学問」というものは、〝原子力の平和的利用研究（例えば原子力発電）〟のように、場合によっては重大な害悪を社会にもたらす。これについては、本章の最後にふれたい。

❶——生き続ける彼の研究

ベーアの仕事のすべてが、現代まで生き残ったわけではない。例えば、彼の動物分類体系は現在では否定されている。動物門の数は、キュヴィエやベーアの時代の四つから、現代では少なくとも三七に増加した。しかし、それ以外の彼の研究結果は現在も生き続けている。具体的には次の三点であろう。

まず第一に、彼はヴォルフとパンダーとともに、「前成説」を否定し「後成説」を支持したこと。胚は非常に単純なものから次第に発達して複雑な成体に至るのだから、その間に、何らかのメカニズムが働いているはずである。つまり「発生を進める卵の中の力とは何か？」、これがその後の最重要問題となった。第二に、それぞれの胚葉から異なる一定の器官が生じることを彼が指摘したこと。発生の過程で「細胞・組織・器官が分化してくるのは、どうしてか？」というのも、重要な課題として残された。これら二つの問題解明が、その後の発生学の中心的研究課題となった。そして第三に、彼の哺乳類の卵子の発見である。様々な技術的発展に伴って、この仕事は、畜産学と医学における実用的研究につながった。現代の生殖医療はこの流れから生まれた。

以下に順次みてみよう。

ベーアがロシアに異動した一八三四年以降一九世紀の後半に至るまで、発生学は形態学的手法による記載的な学問であった。この領域を進めたのは、メッケル、ラトケ、ドイツの傑出した比較生理学者ミュラー(Johannes Peter Müller: 1801–1858)、ミュラーの後任者ライヘルト(Karl Bobislaus Reichert: 1811–1883)、ケリカー、そしてハクスレーなどである。彼らの研究によって、重要な発生現象が正しく把握された。

一方、顕微鏡と染色技術が改良されたおかげで、細胞の構造が分かってきた。ミュラー門下のレーマクは、あらゆる細胞はその前駆細胞から生ずることを示した。一八八五年には、同じくミュラー門下の病理学者ヴィルヒョー(Rudolf Ludwig Karl Virchow: 1821–1902)は「すべての細胞は細胞から」というモットーを掲げた。高等生物(真核生物)の細胞は核を含むことが発見され、細胞分裂の前に核自身も分裂することが分かった。さらに核は、染色体という構造物を含むことも発見された。二〇世紀の初頭には、染色体は遺伝子を運ぶに違いないと仮定されるようになった。染色体は世代から世代へと遺伝子と同様に分配されるからである。

しかし発生のメカニズムを知るためには、実験的手法を用いて深く発生現象を分析しなければならない。この方向に最初に舵を切ったのは、ドイツのルー(Wilhelm Roux: 1850–1924)やボヴェリ(Theodor Heinrich Boveri: 1862–1915)などであった。ボヴェリの弟子がシュペーマンである。彼は、女性の弟子のマンゴルト(Hilde Mangold: 1898–1924)とともに「誘導」という重要な発生現象を発見した。一九二一年のことである。

胚の組織同士が空間的に接触している時、「誘導」という相互作用を通じて器官形成が起きるのである。例えば、将来脊索になる予定の組織片（オーガナイザーとよばれる）を別の胚に移植すると、その場所に二次胚を生じる。オーガナイザーは、自分に接触している外胚葉を神経組織に誘導するのである（神経誘導という）。発生では、いくつもの誘導の連鎖によって、機能的な器官が形成される。誘導作用をもつ、何か物質的なもの（誘導因子）があるに違いないと思われた。しかしながら、神経誘導因子を単離しようとする研究は、大きな努力が払われたにもかかわらず、成功しなかった。これらの分子は、ほんのわずかしか存在しないので失敗したのである。発生のメカニズム研究は、その後一九七〇年代に至るまで、長い停滞期に入ってしまった。

この長い停滞を救ったのは、遺伝学と分子生物学である。二度にわたる世界大戦後、疲弊したヨーロッパ諸国に代わって自然科学を牽引したのは、アメリカ合衆国であった。特に遺伝学と分子生物学は、二〇世紀の中頃以降にアメリカで著しく発展した。

メンデルの法則の再発見（1900）から始まった現代遺伝学は、要素（エレメント、遺伝子）に着目して生物現象を単純明快に割り切って説明する。メンデルは植物で遺伝法則を発見したが、動物の遺伝学を飛躍的に発展させたのが、アメリカのモーガン（Thomas Hunt Morgan: 1866–1945）である。彼は、実験発生学を研究していたが、その材料の一つとして、たまたまショウジョウバエという小さなハエを用い始めたのである。このハエは、世代交代時間が短く染色体の数が少ないなどの理由で、遺伝学の材料として最適な実験動物であった。

遺伝学は要素還元的なので、発生学とは異なり、むしろ物理・化学に親和性がある。二〇世紀の中頃には、遺伝学の分野に優れた物理学者が多数参入してきた。その影響を受けて、遺伝学は遺伝子の分子的実体に迫る方向に進んだ。生命の共通原理を求めて、菌類、細菌、そしてウイルスなどの、最も単純な生物を対象とする分子生物学が始まったのである。

一九四四年にはアメリカのアヴェリー（Oswald Avery: 1877–1955）らによって、遺伝子の分子的実体はデオキシリボ核酸、つまりDNAであることが証明された。DNAそのものは、すでにスイスの医師ミーシャー（Friedrich Miescher: 1844–1895）によって発見されていたものであった。なお、核酸にはもう一種類があり、リボ核酸（RNA）とよばれる。DNAの化学組成の研究が進められ、四種類の異なる建築素材（アデニンなどの塩基）からなる鎖状の分子であることが判明した。有名なDNAの二重らせんモデルは、一九五三年にアメリカの生物学者ワトソン（James Watson: 1928–）とイギリスの物理学者クリック（Francis Crick: 1916–2004）よって提案された。DNA鎖は、互いに反対方向に走る二本の鎖から出来ていて、一本の鎖の塩基の並び順が他方の鎖の塩基の並び順を決定するようになっている。この秩序は、特定の塩基同士の親和性によって決まっていて、DNAの自己複製（細胞の増殖の時に行われる）の仕組みを説明するものである。

その後の分子生物学の発展は急速であった。遺伝子の機能は、四つの塩基の正確な並び方による。つまり、遺伝情報は四文字からなる言語である。DNAに存在する遺伝情報は、まず、仲介役である伝令RNA（メッセンジャーRNA）に転写される。この伝令RNA上の三個の塩基の組み合わせ（コドンという）が、個々のアミノ酸を指定する遺伝暗号となる。次に、伝令RNAに転写された遺伝情報は、リボソームという細胞質中の構造物の上で、運搬RNA（トランスファーRNA）の助けを借りて翻訳される。つまり、それぞれの遺伝暗号にしたがって、アミノ酸が次々に配列され、タンパク質が合成される。こうして遺伝情報は、DNA→RNA→

タンパク質と一方向性に伝わる。この結果、DNAの単純な構造が、無限の多様性に富むタンパク質に翻訳される。実際のところ、遺伝子ではなく、タンパク質こそが細胞の本当の機能材料なのである。

❸――現代的な発生生物学

発生現象を、このような新知識のもとに改めて研究することが始まった。重要なことは、細菌などでの分子生物学的原則が、多細胞生物にも基本的に当てはまることである。これは、遺伝の分子的仕組みが生物進化の過程で保存されてきたことを意味している。

発生にともなって、受精卵という単一の細胞から、構造と機能の異なる多種類の細胞ができてくるのが分化である。調べてみると、分化した細胞のDNAにも、個体を作るために必要なすべての遺伝子が存在していた。このことは、英国のガードン（John Bertrand Gurdon: 1933–）によって一九六〇年代に証明された。別の観点からみると、発生とは、多くの細胞種に分化できる能力（多能性という）が次第に制限されてゆく過程である。現代では、一度分化した皮膚などの体細胞に、ある因子を導入することによって、もとの多能性のある細胞に変化させることができるようになった。日本の山中伸弥（1962–）による多能性誘導幹細胞（induced pluripotent stem cells, iPS細胞）の開発である。自分自身の体からiPS細胞を一度作っておくと、培養条件を工夫して様々な細胞種に分化させることができる。つまり、自分自身由来の組織を作ることができる。自分自身由来の組織ならば、免疫による移植拒絶反応は起きない。この研究は再生医療につながるため、難病治療に大きな期待が寄せられている。

正常の分化過程に話を戻そう。発生が進むと、それぞれの細胞の種類と機能に応じて、特定のタンパク質のみが作られる。例えば、ある細胞が筋肉細胞に分化すると、その細胞はミオシンなどの筋肉特有のタンパク質だけを合成する。つまり細胞が分化すると、ＤＮＡのうちのある特定の遺伝子のみが発現されるようになるのだ（選択的遺伝子発現という）。言いかえると、ＤＮＡ上の特定の遺伝子のみが転写されるような仕組みがある。

この選択的遺伝子発現に中心的な役割を果たしているのが、転写因子とよばれる調節タンパク質である。このタンパク質は、ＤＮＡの特定の塩基配列に結合することによって、他の遺伝子の転写を促進（活性化）したり抑制したりする。いわば、遺伝子発現を調節するスイッチ役なのである。調節タンパク質をコードしている遺伝子は、調節遺伝子とよばれる。調節遺伝子は、発生に関わる様々なシグナル分子の遺伝子と一緒に、発生遺伝子と総称される。ミオシンなどを作る、数多くの一般的な遺伝子（構造遺伝子という）と比べると、発生遺伝子はごく少数である。しかしこの遺伝子群こそが、発生を駆動し、生物の形を作って行くのである。

発生遺伝子群の研究には、タンパク質を迂回して、分子生物学の知識と遺伝子テクノロジーが駆使された。遺伝子を単離してその塩基配列を決定できれば、遺伝暗号のおかげで、それが作るタンパク質の構造を予想することができる。そのタンパク質が非常に微量しか存在しない場合でも、あるいは非常に不安定で分離が困難な場合でも、遺伝子の面から研究が可能になったのである。これは、画期的なことであった。遺伝子がひとたび分離されれば、細菌培養あるいは細胞培養を用いて、それがコードしているタンパク質を大量に生産することもできる。

長い間の謎であった、オーガナイザーの神経誘導因子も、その分子的実体が明らかにされた。それらは、ノギンやコーデインなどとよばれる分子で、意外にも、外胚葉が皮膚に分化するのを阻害する因子であった。皮膚になれないと、外胚葉は神経系に分化するのだ。神経誘導とは、実際には、負方向の分化制御だったのである。

生物の形を作る発生遺伝子群の研究は、突然変異体の収集から始められた。遺伝子の機能は、その突然変異から推定できる。単一の遺伝子に欠陥があり、その他のあらゆる遺伝子は正常であるような、突然変異体が得られると、その表現型の解析によって多くのことが分かる。言いかえると、ある一つの突然変異体によって、その遺伝子の機能を定義できる。単純な生物における分子遺伝学の成功に影響を受けて、多細胞生物の形を作る遺伝子群についての突然変異体が探索された。こうして、発生遺伝学と呼ばれる新しい研究分野が一九七〇年代に出現した。このために使われた動物が、先述したショウジョウバエである。

ショウジョウバエを用いて研究している人たちの中には、形態発生学を志向する研究者たちがいた。ドイツのニュスライン・フォルハルト（Christiane Nüsslein-Volhard: 1942–）はそのうちのひとりである。彼女は、アメリカ出身のヴィーシャウス（Eric F. Wieshaus: 1947–）らと共に突然変異体の大規模で網羅的な収集を行った。彼らは、初期形態形成に関わる突然変異をほとんどすべて集め尽くすことに成功し、形を作る発生遺伝子をほぼすべて枚挙することができた。このハエの幼虫（蛆）の多数の突然変異体を基盤にして、発生遺伝子群がどのように形を作り出すのかが理解できるようになったのである。体を形成するためには、異なる数種類の遺伝子群が時間軸に沿って働き、次々とそのタンパク質産物（形態形成原）の濃度勾配を階層的に作って行くのである。この順次現れる濃度勾配に発生中の細胞群が反応して、単純なパターンから次第に複雑なパターンへと形態形成が進行する。この形態形成の原則は、ハエだけではなく、哺乳類を含む動物一般にも基本的には当てはまる。

読者は、13章で紹介したベーアの〝預言〟を覚えておられるだろうか。著書の序文の最後に、彼は、発生学における「究極の勝利の栄誉」を獲得する幸運な人間について言及し、「しかし、その人を育てるための『ゆりかご』を作る木は、未だ芽生えてもいないのだ！」と書きつけていた。「木」が遺伝学で、「ゆりかご」が分子生物学だとすれば、ベーアの言葉は気味の悪いほど的中したのではないだろうか。「究極の勝利の栄誉」を手にした研究者がドイツ人女性であり、主要な研究がドイツのハイデルベルクとチュービンゲンで主要な研究が行われたことにも感慨を覚えざるを得ない。ニュスライン・フォルハルトは、一九九五年度のノーベル生理学・医学賞を受賞した。

❹——生殖工学技術の発展

哺乳類の卵子の発見以降の、発生学の応用的・実用的側面についてみてみよう。

これには、様々な技術の発展が関わっている。発生学に関連して、あるいは発生学とは独立に、多くの生物・医学的技術が開発されてきた。現代の生殖工学では、以下の三つの技術、つまり①人工授精あるいは体外受精、②体外培養、③そして細胞・組織の凍結保存が使われる。生殖工学というのは、哺乳動物の生殖細胞と胚の人為的操作を研究する技術分野のことである。

人工授精技術そのものは、家畜の改良や増産のために一八世紀には始まっているという。採取した精液をメスの膣内に入れるだけなので、卵子に関する正確な知識は必要なかった。しかし簡便なために、実用的には現在もよく使われている技術である。

培養という技術は二〇世紀初頭に始まる。一九〇七年、アメリカの発生学者ハリソン（Ross Granville Harrison: 1870–1959）は、生体の一部を切り出し、特別な液体（培養液）の中で、体外で生かし続ける方法（組織培養法）を開発した。同じ頃、フランスの医師カレル（Alexis Carrel: 1873–1944）も器官を切り出し、培養液の中で生かし続ける技術（器官培養法）を開発した。これは、心臓などの器官の培養法であったが、その後、酵素処理などによって細胞を分離・分散して培養する方法（細胞培養法）も開発された。現在では、細胞培養法は医学・生物学でごく普通に行われる技術の一つとなっている。

精子と卵子を体外で生かし続けることができるようになると、体外受精の研究が始まった。二〇世紀の後半のことである。その後、体外受精技術はさらに精妙になり、顕微授精（顕微鏡を用いて精子を卵子の中に注入する）技術が発展した。この技術によって、精子の運動性が悪くても、精子の数が少なくても、確実に卵子を受精させることができるようになった。

細胞の凍結保存技術は、一九四〇年代から始まった。普通の条件では、凍結すると氷の結晶ができるために、細胞は破壊されてしまう。ところが、凍結の時に特殊な物質（凍害防御剤）と一緒に凍らせると、破壊されない。英国のポルジ（Ernest John Christopher Polge: 1926–2006）らが、牛の精液の凍結保存実験中に、このことを発見したのである。凍結保存技術の普及のためには、液体窒素の製造と優れた保存用容器の開発が不可欠であった。その後、血液成分、卵子、胚などの様々な細胞・組織の凍結保存が徐々に可能になってきた。凍結したものは、液体窒素中に入れておけば、ほぼ永久的に保存可能である。これを注意深く融解すれば、もとの機能を保持したままの細胞・組織が回収できるのである。生物学者は、生物学的時間を止まらせるすべを手にしたのだ。

❺――生殖医療の発展と問題点

生殖工学は、家畜の増産と品種改良という実用的要請を受けて発展したものである。この技術をヒトに応用するには、長い間ためらいがあったと思われる。「一人の人間の誕生は、神あるいは自然の領分に属する」というのが、人類の伝統的な「常識」だったからである。

一九七八年に、最初の体外受精児が生まれた。英国のステプトー(Patrick Steptoe: 1913–1988)とエドワーズ(Robert Edwards: 1925–2013)によるものである。これが最初に行われたのが英国であったのには、それなりの理由があると思われる。英国は、西ヨーロッパ世界の中でも、最初に近代社会に移行した国の一つであった。英国のキリスト教は、一六世紀以来ローマ・カトリックから離れたが、明白なプロテスタントでもない、という独特の〝中道的〟なものである。つまり、伝統的なキリスト教からも、アメリカの原理主義的なプロテスタントからも、比較的制約を受けにくい。

もともと、この体外受精は不妊症の夫婦について行われたものであった。妻から卵子を採取し、夫の精子によって体外受精させ、数日後に健全に育った受精卵（初期胚）を妻の子宮内に移植したのである。その後、技術は急速に発達し、顕微授精や凍結融解後の初期胚の子宮内移植などが行われるようになった。子宮内移植を成功させるために、胚の一部を採取して染色体や遺伝子の検査も行われる（着床前診断とよばれる）。このようにして、人類は、かつては想像もできなかった生殖医療技術と高度な診断技術を手に入れた。

精子、卵子、そして初期胚の凍結保存技術は、広い応用範囲をもつ。最初は不妊症の治療という医療行為として行われていた生殖医療は、それ以外の目的にも使われる場合も出てきた。例えばこの技術は、〝血のつながった〟子供を是非持ちたい独身女性や女性同士のカップルにも有用である。彼女らはデンマークなどにある精子バンクから第三者の凍結精子を購入し、妊娠する。独身男性や男性同士のカップルも、もう一段階の過程が必要だが、そうすることは可能である。アメリカなどにある卵子バンクから第三者の凍結卵子を購入し、自分の精子で体外受精させ、受精卵を代理母の子宮に移植する（代理懐胎）。代理懐胎は現在多くの国で禁止されているが、インドなどでは認められている。そこでは、報酬によって代理懐胎を依頼することが可能である。

需要のあるところ、ビジネスが成立する。生殖医療をめぐっては、産婦人科のクリニックは勿論のこと、代理母との仲介業、精子・卵子バンク、そして遺伝子解析産業、などがビジネスとして現在成り立っているのだ。

こうして発生学は、一九世紀の「神の神秘的な仕事場をうかがい知る」段階から、二一世紀の「神の神秘的な仕事場に踏み込んで、ビジネスを行う」段階に達した。

問題は、神の仕事場に踏み込んだビジネスマンが「人類の幸福については、脇に置いたまま」に思えることである。彼は「不妊治療あるいは診断・治療による人類への貢献」を口実にするかもしれないが、実のところ、昔からの人類と同じく、強欲で貪欲なだけである。このビジネスマンが「歯止め」なく突き進んでいくと、停止すべき一線というものが次第に消えてゆくだろう。停止しないと、以下のような技術が将来実現することが予想される。

①受精卵の長期体外培養（または人工子宮装置の開発）、②人間の受精卵あるいは生殖細胞の遺伝的改変、③そして〝優れた個人〟の体細胞やｉＰＳ細胞などからの人間個体（クローン人間）の製造。これらどの技術も、「子供の尊厳と権利」あるいは「人間の本性への冒瀆」に関わる大きな問題をはらんでいる。そのため、当然のことながら、現在これらの技術の開発は多くの国で禁止されている（註：世界各国の規制）。

しかし、ベーアの頃からわずか二〇〇年後にこのような時代になったことを考えると、今から百年後の科学・技術の有様と人類の価値観の変化は、現在の私たちには想像もできないほど大きいものだろう。人工子宮装置の開発は、女性を妊娠・分娩の苦労から解放するという理由で、将来の社会に受け入れられるかもしれない。また、このような新技術を基盤として、人類あるいは遺伝的に改変された人類は、宇宙に進出してゆく可能性もある。そして大宇宙の中で、人類の進化は永遠に続くのかもしれぬ。科学的合理主義は頂点に達し、宗教などは古臭いものとして軽蔑される時代になるのだろうか。現在でも、ある著名な生物学者は宗教を頑迷な妄想だとして全否定している。つまり発生学は、「神を仕事場から追い出して、ビジネスマンあるいは権力者があらゆることを取り仕切る」という最終段階に到達するのか。
そのような未来社会、つまり実利と科学・技術に主導される人類社会は、ユートピアなのかどうか。これについては、十人十色の判断があり得る。これは、算数や生物学の問題ではないからである。むしろ、個人の価値観および「人間の本性」とは何かという、一人一人の信条に関わる問題なのだ。

この問題は、本書の主題をはるかに超えるので、これ以上の深入りはさし控えたいと思う。ただ「人間の本性」というものに関連して、筆者は、一八二九年に記録されたゲーテの言葉を思い起こすのである。ゲーテは、当時の標準からは異端的なキリスト教徒ではあったが、エッカーマンにこう言っている。「……人間は、不死(来世)を信じていいのであり、人間は、そうする権利を持っているし、それが、人間の本性にかなっているのであり、宗教の約束するものを期待していいのだよ……」。前述の生物学者とは対照的に、いかにもゲーテらしく、人間の権利としての信仰を穏やかに擁護している。

参考文献

チャールズ・シンガー『生物学の歴史』(西村顯治訳 時空出版 1999)
岡田節人編『脊椎動物の発生』[上](培風館 1989)
O・マンゴルド『発生生理学への道』(佐藤忠雄訳 法政大学出版局 1957)
シャイン・S・ローベル『モーガン』(徳永千代子・田中克己訳 サイエンス社 1981)
Nüsslein-Volhard C : Coming to life: How genes drive development. Carlsbad: Kales Press, 2008.
石川裕二『メダカで探る脳の発生学』(恒星社厚生閣 2018)
長田敏行『メンデルの軌跡を訪ねる旅』(裳華房 2017)
アレキシス・カレル『人間 この未知なるもの』知的生きかた文庫(渡部昇一訳 三笠書房 1992)
入谷明「20世紀後半からの発生工学の進展」(Journal of Reproduction and Development, 48, pp.1−22, 2002)
石原理『生殖医療の衝撃』(講談社現代新書 講談社 2016)
木村資生『生物進化を考える』(岩波新書 岩波書店 1988)
ポール・ノフラー『デザイナー・ベビー』(中山潤一訳 丸善出版 2017)
リチャード・ドーキンス『神は妄想である』(垂水雄二訳 早川書房 2007)
オルダス・ハクスリー『すばらしい新世界』(光文社古典新訳文庫 黒原敏行訳 光文社 2013)
エッカーマン『ゲーテとの対話』[中]岩波文庫(山下肇訳 岩波書店 1968)

17章の註●世界各国の規制

アメリカ合衆国では、ヒトの個体をヒトの胚性幹細胞(ES細胞)などから人為的に作り出すこと(クローニング)を禁止する連邦法はないという。ただし、幾つかの州法では禁止されている。中国では、規制が一般に厳しくないか、あるいは規制があっても「歯止め」にはなっていないようである。中国の研究者たちは、ヒト胚について人為的に遺伝子組換え(ゲノム編集)を行い、その結果を二〇一五年に論文として公表した。二〇一八年には、学会発表だけだが、ゲノム編集された子供を実際に出産させたという中国の若い研究者が現れ、物議をかもした。

ま

や・ら・わ

▶人名

あ

か

さ

た

な

は

な・は

ま・や

ら

索引

▶一般事項

あ

か

さ

た

おわりに

本書は、フォン・ベーアの生涯とその時代を紹介し、現代とのつながりを述べたものである。筆者の知る限り、これは彼についての最初の邦語の伝記である。

本来ならば、『自伝』と主著の全訳が望ましいことかもしれない。しかし、非常に大部になるうえ、出版を引き受けてくれる出版社もないと思うので、このような形を取らせていただいた。また、本書で紹介したとおり、ベーアは発生学の枠内だけに収まる人物ではなく、地理学や魚類学を含む実に広範な領域の自然誌を研究した学者である。本書では、彼の業績の中でも発生学にスポットライトを当てたため、「発生学者フォン・ベーア」という書名にした。

本書を辛抱強く読んで下さった読者に、ベーアの人生と当時のヨーロッパの様子が多少とも伝わったならば、筆者としてこれにすぐる喜びはない。

ベーアは、肉体的には探検家のように頑健で、精神的には幾つかの美質を備えていた。それらは、困難に立ち向かう勇気、知的な力強さと洞察力、深く鋭い美的感性、そして文学への愛などである。彼の性格としては、絶対的な正直さと徹底性が目立つ。ベーアは、学者としての人生を三つの時期（ケーニヒスベルク大学の頃、ペテルブルク科学アカデミーの頃、そして引退後）に分けて生きた。しかも、それぞれの時期をいずれも非凡に生き抜いた。

この時代、「世界語」は英語ではなくフランス語であったし、学者仲間の内ではラテン語であった。医師を含めた自然研究者たちは、ゲーテ、デリンガー、そしてベーアなどのように、専門分野に閉じこもることなく、非常に広い範囲（植物学、動物学、鉱物学、地質学）にわたって熱心に自然界を探求していた。ドイツ社会はようやくフランスの支配から脱し、独自の文化を開花させつつあった。

脳の発生を調べてきた者としては、偉大な先達の人生を知ることは非常に興味深いことであった。しかし、それだけではない。関係する物事を調べる過程で、啓発されることが少なくなかった。

一九世紀後半から二〇世紀初頭までのドイツというのは、一種の驚異である。当初後進国だったドイツでは、この時代になると世界の模範となる大学が数多く整備され、自然科学が爆発的に進んだ。当時のアメリカや日本の青年たちは、ドイツの大学に留学して最新の医学や科学を学んだものである。生物学の分野に限っても、最終章で紹介したように、ドイツ語圏の著名な学者は驚くほど数多い。

なぜなのか？　これは、筆者の長年抱いてきた素朴な疑問であった。

この疑問は、大体解けたと思う。むろん、ドイツ諸国の経済状態が発達したことが基盤にあるのだろうが、その根本には、善い教育があるのではないか。当たり前過ぎることだが、教育は本当に大切なものである。

当時のドイツ語圏では、教育と教養が社会一般に尊重されていた。そのような社会状況の中で、ベーア少年のような良好な素質をもった子供たちが、ベールマンのような良質な教師たちによって、しっかりとした教育を受けたのであろう。そのため、ドイツ語圏では、知的で有為な人物が数多く育ったのだと思われる。

本書でたびたび言及したゲーテは、また別の面も示唆してくれた。一八二八年の彼の会話によると、ドイツが統一されておらず、三六もの国々が分立していることがむしろ良かったという。つまり、それぞれの国が競うようにしてそれぞれの文化を発達させた結果、ドイツの国民文化が全国あらゆる場所に均等にゆきわたった。その結果、ドイツでは全国に分散した二〇以上の大学ができたという。実際、一大中心地がパリのみという、フランスの文化状態とは対照的である。

このように本書の執筆は、自分の職業的ルーツを知るだけではなく、筆者にとって啓発的でもあった。また、過去から現在に至る人類の、底知れぬ闇と光を感じとる不思議な時間でもあった。

本書の出版にあたり、数多くの方々にお世話になった。特に、上智大学理工学部の安増茂樹教授（発生生物学）には、草稿のご校閲をしていただいた。発生学関係で大きな間違いが少なくなったとすれば、彼のおかげである。心からお礼を申し上げる。本書の刊行にあたり、工作舎編集長の米澤敬氏のご協力とご支援を受けた。ここに深く感謝申し上げたい。

ベーアの主著発表から一九〇年後、そしてエストニアの独立宣言から一〇〇年後の

二〇一八年、八月六日原爆忌に 炎暑の続く千葉にて　石川裕二

著者プロフィール

石川裕二（いしかわゆうじ）

一九四八年一月九日生まれ。千葉県出身。一九七一年、東北大学理学部卒業、一九七七年東北大学大学院理学研究科（博士課程）修了。一九八五年より琉球大学助教授（医学部解剖学）、一九九二年より科学技術庁放射線医学総合研究所主任研究官、二〇〇一年に国立研究所の独立法人化に伴い独立行政法人放射線医学総合研究所、放射線安全研究センター、チームリーダー。二〇〇六年より独立行政法人放射線医学総合研究所、放射線防護研究センター、上席研究員を務め、定年退職後も同研究所の専門業務員、研究協力員を歴任。二〇一二年より二〇一八年まで上智大学理工学部、非常勤講師。専門分野は、神経発生学、神経解剖学、解剖学、放射線生物学。

著書として『メダカで探る脳の発生学』（恒星社厚生閣 2018）、共著に『魚類のニューロサイエンス』（恒星社厚生閣 2002）、訳書に『ブレイン・アーキテクチャ』（東京大学出版会 2010）がある。

哺乳類の卵——発生学の父、フォン・ベーアの生涯

発行日——二〇一九年五月二〇日
著者——石川裕二
編集——米澤敬
エディトリアル・デザイン——宮城安総＋小倉佐知子
印刷・製本——中央精版印刷株式会社
発行者——十川治江
発行——工作舎　editorial corporation for human becoming
〒169-0072　東京都新宿区大久保2-4-12　新宿ラムダックスビル12F
phone：03-5155-8940　fax：03-5155-8941
www.kousakusha.co.jp　saturn@kousakusha.co.jp
ISBN978-4-87502-508-5

ヘッケルと進化の夢

◆佐藤恵子

エコロジーの命名者、系統樹の父、「個体発生は系統発生を繰り返す」で知られる進化論者ヘッケル。一元論を貫き、芸術からナチズムにまで影響を与えた実像に迫る。毎日出版文化賞受賞。

●四六判上製●420頁●定価　本体3200円+税

個体発生と系統発生

◆スティーヴン・J・グールド　仁木帝都+渡辺政隆=訳

科学史から進化論、生物学、生態学、地質学にわたる該博な知識と洞察を駆使して、進化をめぐるドラマと大進化の謎を解く。グールドが6年をかけて書き下ろした大著。

●A5判上製●656頁●定価　本体5500円+税

ダーウィン

◆A.デズモンド+J.ムーア　渡辺政隆=訳

世界を震撼させた進化論はいかにして生まれたのか？　激動する時代背景とともに、思考プロセスを活写する、ダーウィン伝記決定版。英米伊の数々の科学史賞を受賞した話題作。

●A5判上製/函入●1048頁●定価　本体18000円+税

分節幻想

◆倉谷 滋

われわれの頭はどのように進化してきたのか？　進化発生学の気鋭の著者が、18世紀以来の進化と発生の歴史をまとめ、「アタマの起源」を探る大著。「分節」関連博物図像多数収録。

●A5判上製●864頁●定価　本体9000円+税

生命とストレス

◆ハンス・セリエ　細谷東一郎=訳

ストレス学説の創設者が自らの体験をもとに科学的発見をめぐる「方法」と「精神」を語る講義録。詩人の直観的把握力をもって生命全体にアプローチする重要性を説く名著。

●四六判上製●176頁●定価　本体2200円+税

ゴジラ幻論

◆倉谷 滋

東京に上陸し、丸の内で活動を停止した巨大不明生物、通称「ゴジラ」。従来の生物学の知見では単純に説明することのできない生態、形態、発生プロセスの謎に、進化発生学者が挑む。

●四六判上製●298頁●定価　本体2000円+税